Klaus Wübbelmann

Herausforderung Management Audit

Klaus Wübbelmann

Herausforderung Management Audit

Erfolgsleitfaden für Teilnehmer

GABLER

Bibliografische Information der Deutschen Nationalbibliothek
Die Deutsche Nationalbibliothek verzeichnet diese Publikation in der
Deutschen Nationalbibliografie; detaillierte bibliografische Daten sind im Internet über
<http://dnb.d-nb.de> abrufbar.

Klaus Wübbelmann ist Human-Resources-Management-Berater in Münster. Seine Arbeitsschwerpunkte sind Management Audit, Management-Feedback-Systeme und Management Coaching. In nationalen und internationalen Beratungsprojekten entwickelt er Ansätze für die Identifikation und Entfaltung von Leistungspotenzialen im Management. Sein Buch „Management Audit" ist 2001 bei Gabler erschienen.

1. Auflage 2009

Alle Rechte vorbehalten
© Gabler | GWV Fachverlage GmbH, Wiesbaden 2009

Lektorat: Ulrike M. Vetter | Sabine Bernatz

Gabler ist Teil der Fachverlagsgruppe Springer Science+Business Media.
www.gabler.de

Umschlaggestaltung: Nina Faber de.sign, Wiesbaden
Druck und buchbinderische Verarbeitung: Krips b.v., Meppel
Gedruckt auf säurefreiem und chlorfrei gebleichtem Papier
Printed in the Netherlands

ISBN 978-3-8349-0744-8

Inhaltsverzeichnis

Einleitung

1.   Kein Kinderspiel

Management Audit – Ihre Einladung

Hiermit bestätigen wir Ihnen die Teilnahme am Management Audit, über dessen Durchführung Sie durch Ihren Vorgesetzten bereits persönlich informiert wurden.

Zielsetzung des Verfahrens ist die Bestimmung individueller Stärken und persönlicher Entwicklungsfelder der teilnehmenden Führungskräfte. Die Einschätzungen werden es der Geschäftsführung in Zusammenarbeit mit dem Bereich Human Resources ermöglichen, Sie entsprechend Ihrer Stärken angemessen einzusetzen, zu fordern und zu fördern. Insbesondere die Entwicklung Ihrer Fähigkeiten kann individuell auf Sie zugeschnitten werden und ganz gezielt erfolgen.

Die Management Audits werden in KW 44 bis 46 durchgeführt werden, Ihren individuellen Termin werden wir Ihnen rechtzeitig vorab per E-Mail mitteilen. In KW 43 wird es eine Informationsveranstaltung geben, an der neben der Geschäftsführung auch die durchführenden externen Berater teilnehmen und Ihnen das Vorgehen vorstellen werden.

Sollten Sie vorab Fragen haben, wenden Sie sich bitte vertrauensvoll an die Abteilung Führungskräfteentwicklung.

Déjà vu? So oder so ähnlich könnte der Wortlaut eines Briefes gewesen sein, den Sie schon einmal, vielleicht sogar schon öfter in Ihrer beruflichen Laufbahn, erhalten haben. Vielleicht haben Sie bisher auch noch nicht das Vergnügen gehabt? Dann rechnen Sie damit, dass Ihnen ein vergleichbares Schreiben noch ins Büro steht.

Was da angekündigt wird, ist kein Kinderspiel. Entsprechend wird der einen oder dem anderen mulmig werden angesichts eines solchen Vorhabens. – Muss ich daran teilnehmen? Was wird da gespielt? Wollen die mich loswerden? So oder ähnlich werden vielfach die ersten Gedanken der Betroffenen lauten. Nach der ersten Aufregung folgen vielleicht etwas sachlichere Fragen: Was genau geschieht in diesem Management Audit? Woran werde ich gemessen? Wie bereite ich mich am besten darauf vor?

Von der Ankündigung eines Management Audits werden die meisten Führungskräfte immer noch kalt erwischt. Das Thema erscheint zu problematisch, von Ängsten begleitet oder einfach zu weit weg, um sich damit schon zu beschäftigen, bevor es zu einem persönlichen Thema wird. Darum bleibt einem, wenn es denn so weit ist, zunächst nur der Rückgriff auf rudimentäre Vorstellungen, die meist nicht mehr sind als Vorurteile und die sich aus Gerüchten, unreflektiert kolportierten Auffassungen oder gut inszenierten Einzeldarstellungen speisen. Für eine differenziertere und systematische Auseinandersetzung wird es spätestens jetzt allerhöchste Zeit.

Hinzu kommt: Die Vorbehalte sind groß und das Vertrauen ins eigene Topmanagement ist häufig viel zu gering, um den veröffentlichten Zielsetzungen eines solchen Verfahrens zu trauen und nicht doch Schlimmeres dahinter zu vermuten. Zu häufig hört man von Managern, die nach einem Audit freigesetzt wurden – obwohl von dieser Option vorher nicht die Rede war. Und zu selten hört man vermutlich von den anderen, die, wie vorab angekündigt, nach der Teilnahme an einem Management Audit mit Unterstützung des Unternehmens an der Verbesserung ihrer Leistung, der angemessenen Rolle im Unternehmen, der Lösung von Konflikten usw. arbeiten.

Wenig differenziertes Wissen, starke negative Vorurteile und Unsicherheit bezüglich des eigenen Topnanagements können je nach Persönlichkeit die Einladung zu einem Management Audit sehr belastend wirken lassen. Ein erster und wichtiger Schritt, um mit dieser Belastung umzugehen, besteht darin, sich zu informieren. Dadurch kann eine angemessene Erwartungshaltung entstehen und Sicherheit für den Umgang mit der Situation aufgebaut werden. Dieses Buch soll einen wesentlichen Beitrag dazu leisten, Management Audits im Hinblick auf die typischen Zielsetzungen und Anlässe, im Hinblick auf Vorgehensweisen und Inhalte sowie im Hinblick auf Konsequenzen und den Umgang mit Ergebnissen besser zu verstehen.

Die Teilnahme an einem Management Audit stellt gewiss eine erhebliche Anstrengung dar. Viele Teilnehmer fühlen sich „in die Mangel genommen" oder gar „durch den Wolf gedreht", wenn ihnen, wie sie empfinden, in Interviews, Fallstudien und Übungen das Innerste nach außen gekehrt wird. Das Audit hat die Aufgabe, einen tieferen Blick auf Fähigkeiten, Potenziale, Einstellungen, Grundhaltungen und Persönlichkeitsaspekte zu ermöglichen, als er typischerweise in Einstellungsgesprächen, bei der Planung der Managemententwicklung oder anlässlich von Besetzungs- bzw. Karriereentscheidungen erreicht wird. So gesehen ist es ganz normal, dass ein Management Audit als besondere Herausforderung empfunden wird. Es handelt sich um eine Spitzenleistungssituation: Jeder versucht, sein Bestes zu geben und möglichst positiv abzuschneiden, und wird sich deswegen besonders anstrengen. Daraus resultiert ein psychischer Druck, die Prüfung möglichst gut zu bestehen, der häufig das größere Problem darstellt. Zur Bewältigung des Management Audits gehört es ganz wesentlich, die eigene Wahrnehmung und das eigene Denken daraufhin abzuklopfen, ob und wie es ggf. den objektiv vorhandenen Leistungsdruck zusätzlich verstärkt und zu Stress anwachsen lässt, der die Konzentration und Leistungsfähigkeit einschränkt. Auch dazu kann eine ausgewogene Information und Bewertung des Management Audits wichtige Beiträge liefern.

Neben der Informationsbeschaffung über Internet oder Bücher und Artikel ist die konkrete und direkte Information aus dem eigenen Hause entscheidend. Sie ist naturgemäß sogar viel wichtiger als das Grundlagenverständnis. Es kommt nicht nur und nicht in erster Linie darauf an, wie Management Audits allgemein funktionieren, sondern was in Ihrem konkreten Fall auf Sie kommt, welche Ziele tatsächlich verfolgt, welche Vorgehensweisen gewählt und welche Konsequenzen gezogen werden können.

2.   Subjekt, nicht Objekt!

Dieses Buch soll deutlich machen, dass Teilnehmer an Management Audits diese Herausforderung mit Selbstbewusstsein und Gestaltungswillen angehen können und sollten. Die Dynamik der Situation legt für viele Teilnehmer eine eher passive Rolle nahe: Auf der einen Seite stehen die, die alle Fäden in der Hand haben, auf der anderen Seite die Teilnehmer, die sich nicht selten wie Objekte der Begutachtung fühlen. Dazu, dass dieser Eindruck entsteht, tragen nicht selten die Durchführenden massiv bei. Ihre unbedacht gewählte Ausdrucksweise, ihr Verhalten vor dem Audit und während der Durchführung vermittelt den Eindruck eines Agierens von oben herab, macht die Haltung eines distanzierten Betrachters deutlich, der sich eher darum bemüht, seinem Betrachtungsgegenstand nicht zu nahe zu kommen, als darum, ihn möglichst genau kennen zu lernen.

Diese Grunddynamik ist ebenso dominant wie unangemessen. Sie drängt sich häufig auf, ist ein Grundmodell, das in den Köpfen aller Beteiligten den impliziten Konsens darstellt. Man muss sich bewusst dagegen entscheiden und gezielt anders handeln, um sie zu überwinden. Das funktioniert durchaus. Es kostet nur ein wenig Mühe. Diese Mühe müssen sich sowohl die Durchführenden als auch die Teilnehmer machen und eine Grundvoraussetzung dafür ist die Reflexion darüber, was man eigentlich im Management Audit tut. Dazu soll dieses Buch beitragen. Und es soll Teilnehmern am Management Audit Informationen geben, worauf es häufig ankommt und ihnen dadurch Mut machen, ihren Auftritt selbst in die Hand zu nehmen, bewusst zu gestalten und sich den ihnen gebührenden Respekt zu verschaffen.

Grundlagen

1. Geschichte und Begriff des Management Audits

1.1 Begriffswandlung

Nicht immer war das Management Audit die intensive Einzelbewertung eines Managers durch externe Berater, die wir heute darunter verstehen. Zunächst war vielmehr der Blick auf das Management eines Unternehmens insgesamt gerichtet. Im Rahmen eines Management Audits interessierte vor allem die Frage, ob dieses Management seine Ziele und Ergebnisse, vor allem die ökonomischen Kriterien erfüllte. Jackson Martindell, Gründer des American Institute of Management, formulierte Anfang der 1950er Jahre einen Katalog von „management principles", um die Qualität eines Managements zu bewerten. Sein Fragebogen zur Managementbeurteilung konzentrierte sich vor allem auf ökonomische Aspekte und Kennwerte, und stellte die Profitabilität des Unternehmens in den Mittelpunkt des Interesses. Die Voraussetzungen und Dispositionen des einzelnen Managers auf der Ebene persönlicher, sozialer oder methodischer Kompetenzen waren noch nicht Gegenstand der Betrachtung.

Interessanterweise gab es bereits früh erste Ansätze, die über den Tellerrand des Einzelnen hinaus auf die strukturellen Bedingungen schauten, unter denen ein Managementteam seine Leistung zu erbringen hatte. William P. Leonard fragte im Rahmen von Management Audits vor allem nach der Unternehmensstrategie, der Philosophie sowie den strukturellen Bedingungen des Managements und stellte Kriterien zur Bewertung der genannten Aspekte auf. Auch hier wurde also nicht die Person bewertet, sondern in diesem Fall wichtige Rahmenbedingungen des Managements.

Erst in der Folge entstanden Ansätze, die auch die Arbeitsweise des Managements zum Gegenstand von Management Audits machten, also Verhaltens- und Prozessbewertungen vornahmen. Wiederum stand zunächst die Arbeitsweise des Managementteams, nicht die einzelner Personen im Vordergrund.

Inzwischen hat sich der Fokus weitestgehend verschoben und in zweifacher Hinsicht verengt: Zum einen werden nahezu ausschließlich Bewertungen auf der individuellen Ebene vorgenommen. Der einzelne Manager bzw. die einzelne Managerin nimmt in einer isolierten Situation am Management Audit teil. Die Exklusivität der individuellen Betrachtung wird auch unter dem Hinweis auf die Schutzwürdigkeit des Einzelnen besonders betont. Zum zweiten verzichten viele Audits heute auf die Betrachtung ökonomischer und struktureller Kriterien auf der Ebene des Unternehmenssystems und fokussieren auf die Persönlichkeit, die Fähigkeiten und die Grundhaltungen bzw. Einstellungen von Führungskräften, um aus diesen Faktoren Potenzialeinschätzungen im Hinblick auf zukünftige Anforderungen und Positionen abzuleiten.

1.2 Die semantische Wolke und einige Lichtstreifen

Abbildung 1: *Semantische Wolke des Begriffs Management Audit*

Nach einem sich ändernden Verständnis im Verlauf der Zeit ist es wohl nicht verwunderlich, dass auch heute keine einheitliche Verwendung des Begriffs und vor allem keine Abgrenzung zu verwandten Begriffen vorliegt. Die Sprachwissenschaft kennt das Konzept der „Semantischen Wolke". Eine semantische Wolke besteht aus einem zentralen Begriff, um den herum mit ihm verwandte Begriffe, die von Synonymen bis zu loseren Assoziationen reichen, angeordnet sind.

Die semantische Wolke des Begriffs Management Audit dürfte Beziehungen zu einer sehr großen Zahl von sehr eng verwandten Begriffen aufweisen und könnte wie in Abbildung 1 aussehen.

Mit dem Terminus „Management Audit" nahezu synonym verwendet werden die Begriffe „Management Appraisal", „Management Review" und seltener „Management Evaluation". Der Bedeutungskern ist in etwa: „Bewertung von Führungskräften im Hinblick auf ihr Potenzial für zukünftige Anforderungen und Aufgaben durch externe Berater mit Hilfe definierter Methoden". Von Management Assessment oder Einzel-Assessment, auch von Management Potenzial Analyse spricht man in sehr ähnlicher Weise. Typischerweise verbindet man mit diesen Begriffen eine größere Vielfalt und Komplexität in der Methode. Neben Interviews wird man hier Fallstudien, Simulationen, ggf. auch Testverfahren erwarten. Das Assessment Center unterscheidet sich insofern von allen anderen Formen, die bisher genannt wurden, als es ein Gruppenverfahren ist, bei dem mehrere Kandidaten unterschiedliche Aufgaben und/ oder Übungen absolvieren und dabei zumindest in einigen dieser Aufgaben bzw. Übungen von mehreren Beobachtern bewertet werden. Interviews gehören nicht zwingend zum Repertoire des Assessment Centers, sehr häufig aber Testverfahren und Simulationen sowie Fallstudien.

Ich spreche in der Folge nur vom Management Audit. Da die Begriffe aber mehr oder weniger synonym verwendet werden, gilt das Gesagte auch für Management Appraisal und Management Review. Vom Management Audit spricht man in der Regel, wenn man eine oder mehrere der folgenden Besonderheiten sieht und/oder zum Ausdruck bringen möchte.

1.2.1   Die besondere Zielgruppe

Zielgruppe des Management Audits sind vor allem Führungskräfte der oberen Hierarchieebenen, also nicht das untere und selten das mittlere Management. Wenn Leiter von Unternehmenseinheiten, Geschäftsbereichsleiter, Manager von Niederlassungen oder Regionen etc. zu evaluieren sind, wird man eher von einem Management Audit sprechen, als wenn es um die Evaluation von Führungskräftenachwuchs geht.

Hinter dieser Entwicklung steht sicherlich auch das Bedürfnis, Topmanagern auch im Kontext einer Potenzialeinschätzung zu signalisieren, dass sie etwas Besonderes sind. Wenn man ein spezielles Verfahren für hochrangige Führungskräfte vorbereitet, verdeutlicht man ihnen, dass man sich ihres besonderen Status durchaus bewusst ist und die Exklusivität der Behandlung kann die Bereitschaft steigern, sich einem solchen Verfahren zu stellen. Man kann sich zudem durch die begriffliche Abgrenzung methodisch neu positionieren, ist nicht an methodische Standards gebunden, die bspw. mit dem Begriff des Assessments eher verbunden sind und hat dadurch mehr Freiheiten. Aus Beratersicht hat man so ein neues Produkt geschaffen, das man angesichts der Zielgruppe als besonders hochwertig darstellen und für das man einen höheren Preis durchsetzen kann.

Neben dem hierarchischen Niveau der Zielgruppe wird man auch dann eher von Management Audit sprechen, wenn es nicht um die Bewertung von einigen wenigen oder nur einzelnen Führungskräften geht, sondern wenn ganze Führungsebenen eines Unternehmens oder alle Manager eines Unternehmensteils einer Bewertung unterzogen werden sollen, wenn es also einen einmaligen größeren Prozess der Evaluation gibt, in den eine größere Zahl von Führungskräften einbezogen wird.

Allerdings handelt es sich bei alledem nur um Erfahrungswerte und es kommt durchaus vor, dass Einzelfallbewertungen von Führungskräften oder auch Evaluationen auf dem Niveau des mittleren Managements als Management Audit bezeichnet werden – aber dies ist nicht die Regel. Umgekehrt werden auch größere Gruppen von Führungskräften geprüft, ohne dass man von einem Management Audit, Appraisal oder Review spricht – allerdings auch dies seltener.

1.2.2   Der besondere Anlass

Meist wird eher von Management Audits gesprochen, wenn die Bewertung von Führungskräften im Kontext von Veränderungsprozessen geschieht, die das Unternehmen insgesamt oder ganze Unternehmensteile betreffen. Der Begriff kommt aus dem Umfeld von Mergers & Acquisitions. Wo Unternehmen verkauft bzw. gekauft werden, wo Unternehmen fusionieren, wird in der Folge häufig eine Überprüfung des Managements notwendig. Hier spricht man fast immer von Management Audits und findet selten andere Bezeichnungen. Das geht einher mit dem oben zur Zielgruppe Gesagten, denn im Zuge von komplexen Integrationsprozessen und Restrukturierungen ist es häufig sehr wichtig, ein detailliertes Wissen über die Managementkompetenzen größerer Gruppen von Managern zu haben. Dieses Wissen stellt eine sehr bedeutsame Entscheidungsgrundlage dar, um mit den richtigen Führungskräften die gewünschten Erfolge erzielen zu können.

1.2.3   Die besondere Methode

Management Audits sind traditionell eher durch eine reduzierte und auf die Kompetenzen der durchführenden Berater zugeschnittene Methode gekennzeichnet. Ursprünglich wurde in Management Audits vorrangig auf das ausführliche persönliche Interview, in der Regel eher unstrukturiert und nicht standardisiert, gesetzt. Neben dem „Vorteil", dass dieses Vorgehen vom durchführenden Berater keine besondere Methodenkompetenz verlangte und sich so sehr schnell sehr viele Berater für befähigt erklären konnten, Management Audits durchzuführen, reduzierte dieses Vorgehen die Schwellenängste vieler Führungskräfte. Der Einsatz einer vergleichsweise undifferenzierten Methodik kam der vor allem in gehobenen Managementebenen verbreiteten Auffassung entgegen, langjährige Berufserfahrung mache tiefer gehende Analysen von Eigenschaften und Fähigkeiten hinfällig. Auch das statusorientierte Selbstbild von oberen Führungskräften, sich im Rahmen von Auswahl- und Einschätzungsprozessen nicht auf „psychologische Spielchen" einlassen zu müssen, wurde bestätigt. Das Management Audit konnte aufgrund einer solchen Positionierung als Einschätzungsinstrument auf höheren Führungsebenen leichter etabliert werden als andere Verfahren, die in methodischer Hinsicht gegenüber den Selbsteinschätzungen von oberen Führungskräften weniger kompromissfähig erschienen.

Die Entwicklung in den vergangenen Jahren allerdings hat diese methodische Engführung bereits ansatzweise überwunden. Es bleibt bei der Dominanz des Interviews als zentraler Methode, allerdings sind die Interviewtechniken inzwischen häufig verbessert, indem strukturierte und (teil-)standardisierte Interviews geführt werden und von Auftraggebern mehr Wert auf die methodische Expertise in der Interviewführung gelegt wird. Zudem integrieren sehr viele Berater weitere Methoden in das Management Audit, wie z. B. das Einholen von Referenzen, die Durchführung von 360-Grad-Feedbacks, die Ergänzung des Beratereindrucks um das Bild des Vorgesetzten oder die Erweiterung um Methoden der psychologischen Diagnostik wie Persönlichkeitsinventare, Testverfahren, Fallstudien und Simulationen. Durch diese neuere Entwicklung wird die Methode immer weniger zu einem differenzierenden Merkmal für die Frage, ob etwas als Management Audit bezeichnet wird oder nicht.

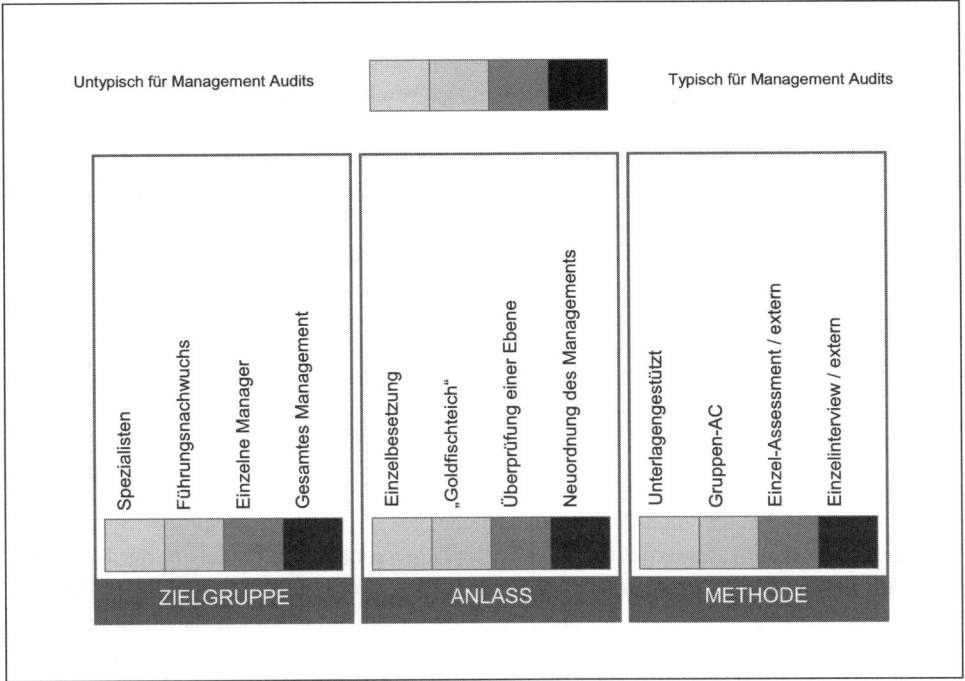

Quelle: Wübbelmann, K. (2005). Handbuch Management Audit, Göttingen: Hogrefe, S. 20
Abbildung 2:   *Wann spricht man vom Management Audit?*

Immer jedoch sind Management Audits Einzelverfahren. Der betroffene Manager wird nicht in die Situation gebracht, mit Kollegen gemeinsam an Aufgabenstellungen zu arbeiten und dabei bewertet zu werden. Allerdings unterscheidet dieser Aspekt Management Audits nur von Gruppenverfahren wie dem Assessment Center, nicht aber von anderen Einzelverfahren, etwa dem Einzel-Assessment. Abbildung 2 veranschaulicht die dargestellten Differenzierungen.

1.3   Fazit

Bei näherem Hinsehen erscheinen Management Audit, Management Appraisal, Management Review, aber auch Einzel-Assessment oder Management Assessment allesamt als Formen der Potenzialanalyse oder Potenzialeinschätzung. Immer geht es um die Einschätzung von Fähigkeiten und Eigenschaften einzelner Menschen für die Übernahme bestimmter Rollen in Organisationen, und diese Einschätzung erfolgt in der Regel im Hinblick auf neue Aufgaben und Anforderungen.

Ob ein konkretes Verfahren der Potenzialeinschätzung Management Audit oder anders genannt wird, hängt letztlich vom Gutdünken desjenigen ab, der das Verfahren benennt. Typischerweise wird er es Management Audit nennen, wenn die Zielgruppe hierarchisch hoch angesiedelt ist, wenn eine große Anzahl von Managern zu bewerten ist, der Anlass dafür ein tief greifender Veränderungsprozess im Unternehmen ist und die Methode sich im Kern auf Einzelinterviews stützt. Darüber hinaus erscheint es als reine Geschmackssache, ob vom Audit, vom Appraisal oder vom Review gesprochen wird. Diese Begriffe bezeichnen in der Regel absolut vergleichbare Prozesse der Potenzialeinschätzung von Managern.

2.   Grundannahmen

Wer im betrieblichen Kontext versucht, Menschen einzuschätzen, will sich in der Regel eine möglichst adäquate Vorstellung davon machen, zu welchen Leistungen angesichts bestimmter Anforderungen ein Mensch in der Lage ist oder wie er sich in wichtigen Situationen verhält. Jeder, der sich anschickt, diese Herausforderung zu meistern, muss von bestimmten Annahmen ausgehen, wie er Menschen adäquat einschätzen kann: Annahmen, wann und wo er die erforderlichen Informationen bekommt, Annahmen, welche Schlüsse man aus welchen Informationen berechtigterweise ziehen darf, Annahmen, wie stabil das Verhalten von Menschen über Zeit und Situationen hinweg ist, Annahmen, wie eng der Zusammenhang zwischen Selbsteinschätzungen und tatsächlichem Verhalten einer Person ist usw.

In Abhängigkeit von diesen Annahmen wird das Vorgehen unterschiedlich ausfallen. Wer bspw. annimmt, dass bisheriges Verhalten und bisherige Leistungen die beste Vorhersage für zukünftige Leistungen darstellen, wird auf Audits weitgehend verzichten – zumindest wenn er glaubt, ausreichend Informationen über die bisherige Leistung, z. B. durch Vorgesetztenbeurteilungen, zu haben. Wer annimmt, dass Menschen in Interviews das Blaue vom Himmel lügen, wird auf Interviews verzichten und lieber Kollegen und Mitarbeiter um eine Einschätzung bitten oder sich auf Simulationen und Fallstudien konzentrieren. Wer glaubt, dass „eine Krähe der anderen keine Auge aushackt", wird keinen Wert auf Kollegenbewertungen legen und sich lieber selbst ein Bild machen oder Vorgesetzte oder externe Berater fragen.

Im Folgenden werden einige sehr verbreitete Annahmen dargestellt und diskutiert, die der gängigen Audit-Praxis explizit oder implizit zugrunde liegen. Als Teilnehmer kann man aus den eingesetzten Vorgehensweisen im Audit Schlüsse auf das Denkmodell ziehen, das dem Ganzen zugrunde liegt und kann sehr wertvolle Impulse für das eigene Verhalten daraus ableiten.

2.1   Wenn einer sagt, was er denkt, dann tut er, was er sagt

In Management Audits sind Interviews die am häufigsten eingesetzte Methode – wie in der Personaleinschätzung insgesamt, egal zu welchem Zweck sie geschieht. Nicht selten sind Interviews in Management Audits auch die einzige Methode. Sie werden häufig an Hand von Leitfäden durchgeführt, die entweder Standardleitfäden sind oder auf die jeweilige Funktion oder eine spezifische Fragestellung hin entwickelt wurden.

Wenn jemand das Interview als wesentliche Einschätzungsmethode wählt, wird er wohl davon ausgehen, dass im Interview die wesentlichen Fragen, die für den Zweck wichtig sind, dem die Einschätzung dient, beantwortet werden. Er wird in aller Regel etwas über die Fähigkeiten des Interviewten wissen wollen sowie über seine Motivation, vielleicht seine Persönlichkeit. All seinen Fragen ist eine Unterstellung gemeinsam: Er muss davon ausgehen, dass das, was die Person sagt, auch das ist, was sie wirklich denkt und meint. Und darüber hinaus muss er – zumindest wenn es ihm um eine Prognose zukünftigen Verhaltens einschließlich des Leistungsverhaltens geht – davon ausgehen, dass die Person das, was sie sagt, auch im Alltag umzusetzen vermag und dies tatsächlich tut bzw. tun wird.

Für den Kandidaten im Interview ergibt sich daraus im Wesentlichen zweierlei. Erstens: Man wird ihn hinterfragen und herauszufinden suchen, wie glaubwürdig seine Darstellung ist. Zweitens: Er kann erheblichen Einfluss darauf nehmen, welcher Eindruck von ihm entsteht – und was man ihm zutraut.

Als Interviewer hat man gelegentlich den Eindruck, dass ein Gesprächspartner kein eindeutiges Bild hinterlässt. Woher kommt dieser Eindruck? Das kann sehr unterschiedlich sein. Manchmal wird der Interviewer hinterher sagen: „Alle Antworten waren so glatt, wie gelernt, unangreifbar – aber zugleich nicht gefestigt." Ein anderes Mal wird er auf Widersprüche verweisen, die irritieren. Wieder ein anderes Interview mag ihn mit dem Eindruck zurücklassen, alles sei an der Oberfläche geblieben, es sei kein wirkliches Gespräch entstanden, die Antworten seien stets zu knapp ausgefallen: „Man musste ihm alles aus der Nase ziehen!" Ob solche Eindrücke entstehen, hat sicherlich zu einem gehörigen Teil mit dem Verhalten des Interviewten zu tun. Der wiederum mag für sich die Vorstellung gewonnen haben, der Interviewer und seine Fragetechnik seien unangemessen, unklar, vielleicht auch unverschämt, verhörartig oder in anderer Weise irritierend gewesen. Kurz: In der Regel wird er die Ursache für ein Interview, das „schlecht gelaufen" ist, beim Interviewer suchen und finden.

Wenn solche Eindrücke beim Interviewten entstehen, hat das sehr häufig damit zu tun, dass seine Antworten auf die Goldwaage gelegt werden – wo sie im Übrigen auch hingehören! Interviewer, die ihre Sache ernst nehmen, hören sehr genau hin und reagieren sofort auf Unklarheiten, Ungenauigkeiten, Pauschalisierungen, unpersönliche Formulierungen und vieles mehr, das ihnen signalisiert: „Achtung, hier passt es nicht!". Sie werden hinterfragen und versuchen, sich zu vergewissern, was sie nur glauben, wovon sie ausgehen und worauf sie sich verlassen können. Für viele Interviewer sind vor allem folgende Eindrücke Alarmsignale:

■ Die Antwort trifft den Kern der Frage nicht.

■ Die Antwort zeigt zu wenig Reflexion und Differenzierung.

■ Die Antwort macht den Bezug zur eigenen Person nicht deutlich.

■ Die Antwort zeigt zu wenig Bereitschaft zur kritischen Selbstreflexion.

■ Die persönliche Beziehung zum Interviewer bleibt unterkühlt.

Da der Interviewer darauf angewiesen ist, aus dem Gesagten sowie aus dem Gesprächsverlauf und dem kommunikativen Verhalten des Gesprächspartners Schlüsse auf dessen Fähigkeiten, Einstellungen, Motive und sein zukünftiges Verhalten zu ziehen, werden solche Wahrnehmungen ihn stark irritieren und – wenn sie nicht ausgeräumt werden – zu einer kritischeren Bewertung führen. Daher lohnt es sich, auf die einzelnen Punkte genauer einzugehen. Der Interviewte kann durch die bewusste Beachtung dieser Effekte und eine reife Kommunikation erheblichen Einfluss darauf nehmen, welcher Eindruck von ihm entsteht – und was man ihm zutraut.

Letzten Endes sollte man sich über einen simplen Punkt völlig im Klaren sein: Der Interviewer wird seine Bewertung auf Basis des Interviews treffen. Was sollte er sonst tun!?

2.1.1 Die Antwort trifft den Kern der Frage nicht

Eines der bemerkenswertesten Phänomene in der Kommunikation besteht darin, dass es ohne größere Mühe möglich ist, nicht auf das zu reagieren, was der Gesprächspartner gesagt bzw. im Wesentlichen ausgedrückt hat, sondern auf einen peripheren Aspekt einzugehen, das Ganze zu ignorieren und andere Themen anzusprechen oder so an der Oberfläche zu bleiben, dass man, ohne Informationsverlust zu riskieren, genauso gut nichts hätte sagen können. Das erscheint nicht unbedingt sinnvoll für ein gelungenes Gespräch. Dennoch kommt es vor. Und es kommt auch in so wichtigen Gesprächssituationen wie dem Interview vor.

Zumindest Interviewer mit durchschnittlicher Begabung für ihre Aufgabe werden in der Lage sein, ein bestimmtes Thema ins Auge zu fassen, das sie näher beleuchten möchten und dieses Thema mit einigen Fragen ins Zentrum der Aufmerksamkeit zu rücken. Nehmen wir als Beispiel das Thema „Unternehmerisches Denken und Handeln" – ein für viele Managementfunktionen zweifellos bedeutsamer Aspekt. Eine einleitende Frage dazu könnte lauten: „Würden Sie sagen, dass Sie in Ihrer derzeitigen Funktion unternehmerisch denken und handeln?" Eine Fangfrage, könnte man mutmaßen, denn was außer „ja" sollte man darauf antworten? Eigentlich handelt es sich nicht um eine Frage, sondern um das Einführen eines neuen Themas. Bereits hier sollte der Gesprächspartner aufhorchen und genau das registrieren: Es soll jetzt über mein unternehmerisches Denken und Handeln gesprochen werden. Das ist das Thema, sonst nichts. Die Nachfrage, die sich anschließt, liegt ebenfalls auf der Hand: „Worin besteht denn Ihr unternehmerisches Handeln derzeit?" Wenn es mir jetzt ungemütlich würde, könnte ich beginnen, darüber zu sprechen, ob ich leitender Angestellter im Sinne des Betriebsverfassungsgesetzes bin oder ich könnte das Gespräch dahin lenken, was dazu im Anforderungsprofil meiner Funktion steht – zweifellos eher absurd klingende Beispiele. Sie sollen nur deutlich machen: Meine Antwort kann mehr oder weniger deutlich am Interesse des Fragenden vorbei gehen. Das aber sollte sie nicht tun.

Wie wäre es damit: „Ich bin nicht ganz sicher, was Sie unter unternehmerischem Handeln verstehen, vermute aber zweierlei darin, zum einen die betriebswirtschaftliche Seite, also die Steuerung meines Verantwortungsbereichs an relevanten wirtschaftlichen Kennzahlen, eine klare Ergebnisorientierung, zum zweiten vielleicht das Denken in den Gesamtzusammenhängen des Unternehmens und die Bereitschaft, Verantwortung zu übernehmen, Entscheidungen zu fällen und Risiken abzuschätzen und einzugehen. Ist es das, was Sie mit unternehmerischem Denken und Handeln meinen?" Der vielleicht etwas überraschte Interviewer wird vermutlich zustimmen und Sie haben nun die Gelegenheit, genau diese Aspekte zu erläutern. Das können Sie in aller Ruhe tun, denn Sie wissen, dass Ihr Gegenüber genau das hören möchte. Wenn Sie Ihre Darstellung dann noch gut machen, haben Sie den Kern der Frage getroffen und überzeugend geantwortet. Man wird Ihre unternehmerischen Fähigkeiten mit einiger Wahrscheinlichkeit angemessen einschätzen können.

2.1.2   Die Antwort zeigt zu wenig Reflexion und Differenzierung

Viele Themen sind komplex. Sie haben mehrere Facetten, gliedern sich in etliche Aspekte, die erst in ihrer Gesamtheit das Thema ausmachen, können je nach Blickwinkel und Interessen sehr unterschiedlich gesehen werden usw. Die ausgewogene, die angemessene, die hilfreichste oder nützlichste Interpretation ergibt sich erst bei differenzierter Betrachtung und Einbeziehung unterschiedlichster Perspektiven. Wer im Management Audit komplexere Themen anspricht, ist daran interessiert, wie differenziert der Gesprächspartner die Facetten ausleuchten, strukturieren, bewerten und Schlussfolgerungen ziehen kann. Wer einseitig antwortet oder auch mehrere Fragen immer aus demselben Blickwinkel betrachtet und beantwortet, übersieht die Notwendigkeit zur Differenzierung. Das heißt noch nicht, dass er nicht differenzieren kann, aber er lässt den Interviewer mit einer Unsicherheit zurück. Der Interviewer muss nachhaken, ob das komplexe Thema angemessen verstanden wird. Sollte er nicht weiterkommen, wird er wohl dem Zwang der Interviewlogik folgend den einzig weiterführenden Schluss ziehen und mutmaßen, dass derjenige, der im Interview nicht differenziert, dies auch im Arbeitsalltag nicht tut.

Wenn Sie also zur Differenzierung in der Lage sind und die Komplexität eines Themas durchaus erkennen und auch darstellen sowie angemessen wieder reduzieren können, um zu Schlussfolgerungen zu kommen, dann sollten Sie es einfach tun – auch wenn Sie (noch) nicht explizit dazu aufgefordert wurden. Es muss ja kein Vortrag daraus werden!

2.1.3   Die Antwort macht den Bezug zur eigenen Person
nicht deutlich

Auch auf die jedes Interview ständig begleitende Frage „Was erfahre ich über den Menschen, der mir gegenüber sitzt?", über seine persönlichen Eigenschaften, seinen Charakter, seine Grundhaltungen, Werte, Einstellungen, seine Art zu denken usw. wird es am Ende eines Interviews irgendeine Antwort geben. Es wird sie geben, weil der Interviewer sie braucht. Sein Auftraggeber (intern oder extern) erwartet eine Einschätzung. Wie qualifiziert diese Einschätzung ausfällt, hängt zweifellos von der psychologischen Bildung des Interviewers ab. Es herrschen unterschiedlichste Vorstellungen über die Rückschlüsse, die man aus diversen Kommunikations- und Verhaltensformen auf den Menschen und seine Persönlichkeit ziehen kann, sie werden nicht selten nach Gusto und individueller Lebenserfahrung geformt und kolportiert – schlimmer noch: sie werden schonungslos angewendet. Kandidaten, die solchen Laien- und Hobbypsychologen unter den Interviewern in die Hände fallen, sind zu bedauern. Man kann ihnen nur raten, möglichst eindeutig, unmissverständlich und klar aufzutreten und sehr gerade heraus zu sagen und zu erklären, was sie meinen, wie sie denken, was ihnen wichtig ist usw. Der Angeklagte wählt seinen Richter nicht selbst aus. Könnte er es, würde er vermutlich trotz eines grundlegenden Unbehagens dieser Spezies gegenüber, den ausgebildeten Psychologen wählen, der auch um die Grenzen seiner Erkenntnis weiß – und sie einhält.

Auch der ausgebildete und mit einschlägiger Erfahrung gesegnete Psychologe wird versuchen, die Frage nach dem Menschen in und hinter der Darstellung zu beantworten. Man kann es ihm leichter machen, indem man immer wieder deutlich macht, welche persönliche Bedeutung bestimmte Entwicklungen, Erfahrungen und Zusammenhänge gewonnen haben, worauf man (in Abgrenzung zu vielen anderen Menschen) besonderen Wert legt etc. Wenn diese Hinweise fehlen, taucht wieder die Problematik auf, dass aus dem Interview auf den Arbeitsalltag geschlossen werden muss, ohne dass brauchbare Aussagen vorhanden sind. Der qualifizierte Interviewer wird sich Mühe geben, auch differenziertere Modelle und Theorien anwenden, um Aussagen angemessen bewerten zu können. Dennoch: wenn das Datenmaterial zu wenig hergibt, eine Einschätzung aber dennoch erforderlich ist, droht die Gefahr von Fehlbeurteilungen.

Im Interesse des Kandidaten ist daher zu empfehlen, sachlichen Schilderungen immer auch Informationen darüber beizufügen, wie die persönliche Interpretation, Bewertung und Verarbeitung dessen ist, über das gerade gesprochen wird. Das ermöglicht angemessene Persönlichkeitseinschätzungen.

2.1.4 Die Antwort zeigt zu wenig Bereitschaft zur kritischen Selbstreflexion

Eine sehr spezielle Frage, die viele Interviewer interessiert, lautet: Ist jemand bereit und in der Lage, eigene Schwächen, Fehler, Unzulänglichkeiten, Entwicklungsfelder (der Begriffe sind viele) zu erkennen, in ihren Auswirkungen einzuordnen und zu beschreiben? In sehr vielen Unternehmen und Funktionen wird eine ständige Bereitschaft, an sich selbst zu arbeiten, besser zu werden und selbstkritisch zu reflektieren, dringend erwartet. Das gilt für Managementfunktionen umso mehr, da hier der Verhaltens- und Entscheidungsspielraum größer ist. Daher kommt zur Frage nach der Selbsterkenntnis auch die nach Kreativität und Konsequenz für die Gestaltung von Veränderungen im eigenen Verhalten. Die Übernahme von Verantwortung für die Entwicklung der eigenen Kompetenz wird erwartet und gilt als Erfolgsfaktor.

Daraus ergibt sich eine Aufgabe, die das Interview geradezu vorzüglich lösen kann – nämlich die Bewertung genau dieser Fähigkeit zur Selbstreflexion, zum Erkennen des individuellen Entwicklungsbedarfs und zur Planung angemessener Schritte für dessen Aufarbeitung. Das Interview ist hier die Methode der Wahl, weil es um das Denken geht. Es wird besprochen, wie jemand sich selbst sieht, es geht um Differenzierungen und Interpretationen, um Kreativität und Strukturierungsfähigkeiten. Man wird also immer vom Intervieweindruck auf das Verhalten im Managementalltag schließen, um diesen wichtigen Aspekt der Bereitschaft zur kritischen Selbstreflexion einzuschätzen.

Geht nun jemand auf alle Fragen, die die Selbstreflexionsfähigkeit und den kritischen Umgang mit sich selbst zum Gegenstand haben, eher ausweichend oder nur oberflächlich ein, so wird man das zunächst irritiert zur Kenntnis nehmen und dann versuchen, herauszufinden, ob wirklich keine entsprechenden Fähigkeiten vorhanden sind oder ob nur die Bereitschaft fehlt, diese selbstkritische Perspektive im Rahmen eines wichtigen Einschätzungsverfahrens einzunehmen. Wenn nach Fehlern oder Misserfolgen gefragt wird, steht dahinter in der Regel nicht der plumpe Versuch, jemanden der Untauglichkeit für eine Aufgabe zu überführen. Das wäre denn doch zu durchsichtig. Vielmehr interessiert den Interviewer, wie differenziert und offen jemand über sich selbst, seine Motive, seine Herangehensweise, seine Denk- und Handlungsmuster reflektieren und sie einordnen kann.

Beim Ausbleiben einer kritischen Selbstreflexion stellt sich für den Interviewer die Frage: Fehlt es allgemein an der entsprechenden Bereitschaft und/oder Fähigkeit oder fehlt bzw. fehlen sie nur im Interview? Vielleicht will jemand aus Sorge, sich schlechter zu stellen, lieber keine Fehler zugeben – nicht zuletzt gerade weil er sie so genau kennt, sich also durchaus kritisch reflektiert. Dennoch würde ihm genau Letzteres am Ende in Abrede gestellt, wenn er im Interview eine ignorante Position in Bezug auf eigene Schwächen beibehielte.

Auch hier hilft nur die offensive Strategie: Fehler und Misserfolge gehören zur Entwicklung, ein konstruktiver Umgang damit ist in aller Regel sehr gewünscht und eine differenzierte Betrachtung der eigenen Schwächen wird positiv bewertet.

2.1.5   Die persönliche Beziehung zum Interviewer bleibt unterkühlt

Neben allen Inhalten, die besprochen werden, entsteht Überzeugungskraft und Glaubwürdigkeit zu einem großen Teil aus der Fähigkeit, die Beziehung zum Gesprächspartner aktiv und konstruktiv zu gestalten. Zwar wird ein professioneller Interviewer offen und positiv auf einen Kandidaten zugehen, aber er wird seinem Gesprächspartner möglichst viel Spielraum überlassen, damit dieser zeigen kann, dass und wie er die Herausforderung begreift und annimmt, aus der Situation das Beste zu machen und die Beziehung positiv zu gestalten. Der Interviewer geht der Logik des Interviews folgend in aller Regel davon aus, dass der Mensch, der ihm gegenüber sitzt, sich bezüglich der Kommunikation nicht völlig anders verhält als in anderen kommunikativen Situationen seines Berufsalltags. Er wird also auch im Hinblick auf das Verhalten, relativ unabhängig von den Inhalten, eine Einschätzung treffen und das Verhalten während des Interviews als gültige Basis für Schlüsse auf das Verhalten in wichtigen beruflichen Situationen betrachten. Entspricht nun dieses Verhalten nicht den Erwartungen, kann der Interviewer schnell einen inneren Schlussstrich unter die Untersuchung ziehen und soziale Inkompetenz diagnostizieren. Das wird auch gelegentlich so geschehen. Es ist allerdings vorstellbar, dass ein Kandidat die Interviewsituation, verglichen mit anderen Situationen seines Alltags, als völlig anders und besonders ansieht und dass er sich aus diesem Grund anders verhält als im Berufsalltag. Der Interviewer wird dies aber nicht unbedingt erkennen.

Wer im Interview Signale der Verschlossenheit, Zurückhaltung oder gar Verweigerung sendet, verunsichert den Interviewer, weil dieser nicht ohne weiteres einschätzen kann, ob es situative Gründe sind, die zu diesem Verhalten führen oder ob es Ausdruck eines Grundmusters im Kommunikationsverhalten des Interviewten ist. Versucht er, den Gesprächspartner durch entsprechende Impulse zur Öffnung zu bewegen und erreicht damit nichts, wird er schließlich dazu neigen, eine persönliche Verhaltensdisposition zu unterstellen und situative Gründe auszuschließen.

Auch ein Interview ist (zumindest für den Interviewer) eine ganz normale kommunikative Situation. Es ist im Interesse des Teilnehmers, die Beziehung zum Interviewer aktiv positiv zu gestalten. Genau das wird zudem von ihm erwartet. Während des Interviews soll Offenheit, Gesprächsbereitschaft und Interesse am Gegenüber deutlich werden. Hier liegt vermutlich oft der Hund begraben. Die Situation legt nahe, dass hier vor allem der Eine Interesse am Anderen hat, nämlich der Interviewer am Interviewten. Da sich aber niemand gern ausfragen lässt, reagiert der Interviewte leicht mit einer größeren Vorsicht, als erforderlich wäre. Wem es dem Interviewten gelingt, seine Vorbehalte abzulegen und eigene Impulse zu geben, die der Gesprächsatmosphäre und der persönlichen Beziehung zum Interviewer zuträglich sind, wird ihm vermutlich bescheinigt, kommunikativ zu sein und herausfordernde Situationen konstruktiv zu gestalten. Dennoch sollte er, wenn ihm Fragen zu weit gehen, entsprechend reagieren, indem er den Interviewer darauf aufmerksam macht und ihn fragt, was er mit dieser Frage bezweckt.

2.2 Wenn einer zeigt, was er kann, dann sieht man, was er tut

Zunehmend werden auch in Management Audits Methoden eingesetzt, die es erlauben, nicht nur über die Bewältigung verschiedener Situationen zu reden, sondern diese Bewältigung konkret zu simulieren. Es werden Fallstudien eingesetzt, die ganz ähnlich wie reale Situationen Anforderungen an das analytische Vermögen, die konzeptionellen Fähigkeiten und die Umsetzung von Maßnahmen stellen. Es werden Kunden- oder Führungssituationen durchgespielt, die ähnliche kommunikative Herausforderungen darstellen, wie sie im Berufsalltag auftreten. Sinn dieser Simulationen ist die Umsetzungsfähigkeiten bewerten zu können. Das funktioniert bei gut gestalteten Aufgaben auch sehr gut und geht damit einen wichtigen Schritt über die Möglichkeiten hinaus, die ein Interview bietet. Wenn aus den Ergebnissen solcher Simulationen abgeleitet wird, dass jemand sein Können, das er im Rahmen einer solchen Simulation unter Beweis stellt, auch im Alltag einsetzen wird, ist dieser Schluss ein gewagter. Denn zwischen Können und Tun liegt ein weiterer wesentlicher Schritt, der von sehr vielen äußeren und inneren Faktoren abhängt. Vieles, was ich grundsätzlich kann, tue ich möglicherweise doch nicht, weil mir beispielsweise die Motivation dazu fehlt oder ich daran durch äußere Umstände gehindert werde.

Wenn also aus einer Simulation auf das Verhalten im Alltag geschlossen wird, muss dieser Schluss nicht zutreffen. Dennoch sollte jeder Teilnehmer davon ausgehen, dass genau dieser Schluss erfolgt, auch wenn kein differenzierter Einblick in die Motivationslage und die Umsetzungsbedingungen im Arbeitsalltag erfolgt. Es gehört zu den Grundannahmen des Vorgehens. Und selbstverständlich ist man mit diesem Vorgehen auch schon einen großen Schritt weiter in der Erkenntnis als man es aus einem Interview heraus sein kann. Hier wird nicht nur geredet, hier wird konkret gehandelt. Eigentlich müsste der Schluss lauten: Wir sehen, was jemand kann, aber wir wissen nicht, ob bzw. unter welchen Bedingungen er es auch tun wird.

Wissen wir wirklich, was jemand kann? Viele Teilnehmer an Potenzialeinschätzungsverfahren wenden ein, dass sie aus Gründen der Nervosität, der Künstlichkeit der Situation oder schlicht der Tagesform in einer Simulation nicht die Leistung zeigen konnten, zu der sie an sich fähig sind. Sollte es tatsächlich im einzelnen Fall so sein, ist das natürlich sehr bedauerlich. Denn niemand kann davon ausgehen, dass durch eine solche Einlassung die Einschätzung verändert wird, die aufgrund der gezeigten Leistung zustande kam. Allerdings wird es in der Regel so sein, dass die gezeigte Leistung besser ist als das, was jemand Tag für Tag auf die Beine zu stellen in der Lage ist. Eine Prüfung ist immer eine Höchstleistungssituation. Man strengt sich deutlich mehr an als in Routinesituationen. Die Zahl derjenigen, die dadurch mehr und Besseres zeigt als im Alltag, dürfte vermutlich größer sein als die Zahl derjenigen, die aufgrund der Prüfungssituation Leistungseinbrüche erleidet.

Die Konsequenz, die ich als Teilnehmer aus diesen Überlegungen ziehen würde, heißt zum einen: Selbststeuerung im Hinblick auf die Nervosität und Angst, die ich zulasse. Ich kann das Ausmaß, in dem ich mich dieser Situation ausgeliefert fühle oder aber sie gestalte, selbst bestimmen. Es liegt an mir, wie ich über ein bevorstehendes Management Audit denke. Manchen wird es schon helfen, eine Liste der Chancen und der Risiken aufzustellen, die mit der Teilnahme verbunden sind. Man kann erstaunlich viele positive Aspekte finden, wenn man sie sucht.

Die zweite Lehre, die ich als Teilnehmer aus den Überlegungen hier ziehen würde, heißt: Anstrengung. Es lohnt sich.

2.3   Was Hänschen nicht lernte, das lernt Hans nimmermehr

Nicht selten gehen Menschen davon aus, dass in einem Alter, das Manager häufig haben, keine ausgeprägte Bereitschaft bzw. keine ausreichenden Fähigkeiten vorhanden sind, sich zu entwickeln, Neues zu lernen, Kompetenzen zu erweitern, das Verhaltensrepertoire zu bereichern etc. Es käme demzufolge in einem Audit-Verfahren vor allem darauf an, den aktuellen Leistungsstand, das derzeitige Verhaltensspektrum und die geformte Persönlichkeit möglichst gut auszuloten und dann die Frage nach der Passung für bestimmte Funktionen zu stellen. Wer dies annimmt, wird nicht viel von so genannten „Entwicklungs-Audits" halten, die darauf ausgelegt sind, Stärken und Entwicklungsfelder herauszuarbeiten, um mit den Teilnehmern darüber zu reden, wie sie ihre Stärken weiter forcieren und Schwächen beheben oder kompensieren können. Es erscheint unter der Annahme, dass Manager nicht bereit oder fähig sind, sich zu entwickeln, nicht sinnvoll, Entwicklungspläne zu erstellen und ausführliche Gespräche über die geeigneten Methoden zu führen, um sich auf neue Anforderungen besser vorzubereiten. Coaching, Seminare und andere Anstrengungen sind vergebene Liebesmüh und kosten nur Zeit und Geld ohne entsprechenden Gegenwert.

Management Audits, die auch dazu dienen, Entwicklungsfelder zu erarbeiten, geben Teilnehmern durchaus Raum, selbst persönliche Lernfelder zu benennen und anzusprechen, um sie genauer bestimmen und anschließend Wege der Entwicklung definieren zu können. Geht es allerdings um die Bestimmung der erreichten Leistungsfähigkeit, wird ein Teilnehmer die Frage, ob er von sich aus persönliche Entwicklungsfelder benennt, verständlicherweise etwas differenzierter beurteilen. Einerseits ist es durchaus im Interesse eines Teilnehmers, seine Leistungsfähigkeit, die sich ja immer aus seinem Wissen und Können, seiner Persönlichkeit sowie seiner Motivation und seinen Interessen ergibt, realistisch einzuschätzen. Es nützt ihm wenig, aufgrund einer Fehleinschätzung eine Aufgabe zu übernehmen, der er nicht gewachsen ist. Für die meisten Menschen werden sich daraus hoher äußerer und innerer Druck, starker Stress, nicht selten soziale und gesundheitliche Probleme und schließlich unter Umständen auch der Verlust der erreichten Position ergeben. Andererseits kann ein Teilnehmer der Auffassung sein, er könne durch Anstrengung und eigene Investitionen in Qualifizierung und die Entwicklung persönlicher Eigenschaften Defizite, die ihm selbst bekannt sind, beheben. Er wird in diesem Fall versuchen, diese Defizite im Audit nicht erkennen zu lassen. Die Selbsteinschätzung der eigenen Möglichkeiten und Chancen, die für eine Aufgabe noch erforderliche Entwicklung in angemessener Zeit leisten zu können, muss vorsichtig getroffen werden. Nur wer diese Einschätzung realistisch trifft und sich der Gefahr des eigenen Scheiterns bewusst ist, hat eine gewisse Chance, diesen Weg erfolgreich zu gehen.

Darüber hinaus stellt sich die Frage, ob es gelingen kann, in einem Audit gezielt bestimmte Defizite zu kaschieren. Das wiederum hängt sehr stark von der Methode und der Intensität eines solchen Audits ab. Vermutlich wird es in einem zweistündigen Interview leichter sein, dieses Ziel zu erreichen als in einem intensiven, eintägigen Audit, das methodisch vielseitig und in der Beobachtung und Beurteilung sehr differenziert und genau ist.

Für Audit-Teilnehmer ist es also ausgesprochen wichtig zu wissen, welcher Zielsetzung das Verfahren dient, insbesondere, ob auf der Basis der Ergebnisse Entwicklungsmaßnahmen geplant und durchgeführt werden sollen oder ob es ausschließlich um die Feststellung der Passung für bestimmte Funktionen geht, um personelle Entscheidungen treffen zu können. In Abhängigkeit davon, kann die innere Haltung dem Audit gegenüber und damit auch das Auftreten im Verfahren unterschiedlich sein. Es ist verständlich, sich bei reinen Auswahlverfahren möglichst positiv darzustellen und eigene Schwächen so gut wie möglich zu verbergen. Doch ist zu bedenken, dass daraus ein Bumerang werden kann. Genau dieses Bemühen kann deutlich werden und am Ende zu kritischen Einschätzungen führen. Offenheit und Direktheit auch im Umgang mit Schwächen können Einschätzer durchaus veranlassen, diesen Schwächen die Stärke der Ehrlichkeit und Bereitschaft, an sich zu arbeiten, gegenüberzustellen. Das kann insgesamt zu einer positiveren Einschätzung führen als wenn jemand nicht zu seinen Schwächen steht und unklar bleibt, wo sie liegen und wie ausgeprägt sie sind. Zudem kann das Verfahren, wenn es gut gemacht ist, diese Schwächen am Ende doch aufdecken. Dann wären sowohl diese Schwächen bekannt als auch der Eindruck entstanden, dass der Teilnehmer mit seinen Defiziten nicht konstruktiv und offen umgehen kann oder will. Das wäre dann wohl das schlechteste unter den denkbaren Ergebnissen.

Jeder Teilnehmer ist also gut beraten, sich selbst genau zu fragen, ob er in der Lage sein wird, ein stimmiges Bild von seinen Fähigkeiten zu vermitteln, auch ohne persönliche Defizite anzusprechen und ob er in der Umsetzung im Alltag diese Defizite aus eigener Kraft beheben oder kompensieren und so in einer bestimmten Verantwortung erfolgreich sein kann. Die Frage, ob „Hans" noch lernt, was „Hänschen" bisher nicht lernte, haben nicht nur Einschätzer, sondern auch Teilnehmer selbst zu beantworten.

2.4   Jeder ist seines Glückes Schmied

Das typische Management Audit ist konzentriert auf die Person des einzelnen Managers. Ist er der Richtige? Wo liegen die individuellen Stärken, wo Entwicklungsbedarf? Welche Fähigkeiten kann er noch ausprägen? Welche Anforderungen werden definitiv zu hoch sein? So wichtig diese Fragen sind und obwohl es immer wieder prominente Führungspersönlichkeiten gibt, die erstaunliche Wirkungen auf komplexe Organisationen und ihren Erfolg haben, so klar ist auf der anderen Seite, dass der Erfolg eines Managers zwar sehr stark, aber nicht nur von den individuellen Eigenschaften und Fähigkeiten abhängt. Es gibt wichtige Rahmenbedingungen, die einen erheblichen moderierenden, sprich hemmenden oder fördernden Einfluss auf die Wirkungen haben, die Manager in einem Unternehmen und für ein Unternehmen erzielen können.

Dieser systemischen Betrachtung werden die meisten Management Audits zu wenig gerecht. Das Zusammenspiel der Person mit anderen im Managementteam und mit den Rahmenbedingungen des Unternehmens wird in der Regel nicht oder nur im Ansatz reflektiert. Insbesondere werden in der Regel Daten über das Managementteam und die Rahmenbedingungen nicht systematisch eingeholt und die gründliche Analyse auf die Person beschränkt.

Die beiden wesentlichen Ebenen, auf denen diese Einflussfaktoren angesiedelt sind, sind zum einen das den Manager direkt umgebende Management Team, in das er eingebunden ist, und zum anderen die Ebene der Organisation insgesamt. Dabei sind vor allem die übergreifenden Systeme, Prozesse und Instrumente im Unternehmen relevant, die das Handeln der Führungskräfte steuern und strukturieren, es in bestimmte Richtungen lenken, es unterstützen, oder auch behindern oder gar lahm legen können.

Es wäre zugegebenermaßen schwierig und vor allem sehr aufwändig, diese Analysen von Teams und Rahmenbedingungen so gründlich und systematisch vorzunehmen, dass eine wertvolle Synopse mit den Leistungs- bzw. Potenzialprofilen der Manager möglich wird. Gelegentlich werden nach Abschluss der personenbezogenen Einschätzungen allgemeine Fragen nach der Passung ins Team und in die Organisation gestellt und entsprechend allgemein beantwortet. Die Einschätzungen, die sich daraus ergeben, sind zwar von einer gewissen Willkür geprägt, müssen aber nicht falsch sein. Allerdings sollte sich jeder Teilnehmer an einem Audit darüber im Klaren sein, dass nicht oder zu wenig darüber nachgedacht wird, in welchem Umfeld er tätig wird, welche Strukturen, Rollen und Prozesse im Managementteam er vorfindet und wie er sich darin entfalten kann. Es wird eher darauf gesetzt, dass jeder seines Glückes Schmied ist und sich mit den persönlichen Eigenschaften und Fähigkeiten in den unterschiedlichsten Konstellationen einbringen und optimale Beiträge liefern kann.

Aus Teilnehmersicht wird es angesichts dieser Situation besonders wichtig, sich selbst ein möglichst differenziertes und angemessenes Bild von dem Unternehmen, den Rahmenbedingungen, den Rollen und der Teamsituation zu machen. Das ist nicht immer leicht, insbesondere wenn es um ein Unternehmen und eine Konstellation geht, die man bisher nicht kennen gelernt bzw. eher oberflächlich wahrgenommen hat. Deshalb sollten alle Informationsmöglichkeiten ausgeschöpft werden. Am Anfang steht die Aufstellung einer persönlichen Fragenliste. Es lohnt sich, etwas Zeit in die Reflexion darüber zu investieren, welche Rahmenbedingungen, Teamstrukturen und Rollen einem wichtig sind. Ehrlichkeit gegenüber sich selbst ist hier natürlich mehr als hilfreich. Daraus lassen sich Fragen ableiten, mit deren Hilfe die wichtigsten Checkpunkte für eine positive Prognose der eigenen Leistungsfähigkeit geklärt werden können. Gesprächsbedarf hinsichtlich dieser Punkte sollte auch nach dem Audit angemeldet werden, sobald eine bestimmte Entwicklungsrichtung oder die Übernahme bestimmter Verantwortungen vorgeschlagen wird. Dann ist in der Regel auch klarer, wer der richtige Adressat für die Klärung dieser Fragen ist. Empfehlenswert ist dennoch, sich bereits vor dem Audit mit den eigenen Checkpunkten auseinanderzusetzen. Diese Auseinandersetzung führt zu größerer persönlicher Klarheit über die wichtigen Fragen, die man selbst hat und ermöglicht es einem, bereits aus dem Verfahren heraus Informationen zu diesen Fragen zu gewinnen. Das kann dadurch geschehen, dass man aus dem Interview und ggf. weiterer Aufgabenstellungen deutlicher die Schwerpunktsetzungen zukünftiger Anforderungen herauslesen kann oder auch dadurch, dass man im Rahmen eines Interviews an geeigneten Stellen eigene Fragen klären kann.

Erneut wird deutlich, dass eine angemessene Haltung dem Audit gegenüber immer bedeutet, sich nicht als Objekt der Betrachtung, sondern als Subjekt des Geschehens zu verstehen. Die Auditoren werden ihre Methoden wählen, um sich ein Bild von der Person zu machen. Das steht außer Zweifel. Es mag dahingestellt sein, wie gut diese Methodenauswahl und wie kompetent deren Umsetzung ist. Für den Teilnehmer ist es sehr wichtig, seinerseits Methoden und Vorgehensweisen zu entwickeln, um Einschätzungen treffen zu können, die für ihn wichtig sind.

2.5   Mit dem Zweiten sieht man besser

Aus den Grundgedanken der Assessment-Center-Methode stammt die Idee, bei Leistungs-
und Potenzialeinschätzungen das Mehr-Augen-Prinzip anzuwenden, also dieselbe Person von
mehreren geschulten Beobachtern bewerten zu lassen, die diese Person in denselben Situationen erleben. Dabei ist die Anzahl der Beobachter zum Teil beachtlich. Es kommt durchaus
vor, dass einer Präsentation oder Simulation vier Beobachter beiwohnen. Auch im Management Audit findet sich dieses Prinzip wieder. Zwar werden hier keine Gruppendiskussionen
und selten Simulationen vor einem größeren Beobachterkreis durchgeführt, aber man über-
lässt die Einschätzung in aller Regel nicht einer einzelnen Person. Man geht davon aus, dass
eine Einschätzung und die Schlüsse, die man daraus auf die Fähigkeiten und Potenziale einer
Person zieht, zutreffender sind, wenn mehrere Personen eine Bewertung abgeben, sich vielleicht sogar nach entsprechender Diskussion auf eine gemeinsame Einschätzung einigen.

Nun kann man sich ohne weiteres Konstellationen vorstellen, in denen ein Beobachterteam
nicht zu besseren Einschätzungen kommt als ein einzelner Einschätzer. Es ist natürlich denkbar, dass es im Einschätzerteam jemanden gibt, der den tatsächlichen Leistungsstand oder das
tatsächliche Potenzial (das ja bedauerlicher Weise niemand nachweislich kennt!) mit seiner
Einschätzung genau trifft, während die anderen Einschätzer mehr oder weniger daneben
liegen. Wenn es nun zu einer gemeinsamen Einschätzung kommt, die nicht selten durch ein-
faches Mitteln der Einzelwerte gebildet wird, würde die Einschätzung des Teams zwangsläufig schlechter sein als die beste Einzelbewertung. Auch wenn im Team über die Bewertung
diskutiert würde, ist es aus gruppendynamischen Gründen wenig wahrscheinlich, dass sich
ein Einschätzer komplett mit seiner Sicht durchsetzt – auch nicht derjenige, dessen Einschätzung den tatsächlichen Verhältnissen am nächsten kommt.

Das Problem besteht erkennbar darin, dass man nie weiß, wer die tatsächliche Leistungsfähigkeit einer einzuschätzenden Person am genauesten bewertet. Faktisch wird man in der Tat
gut beraten sein, eine Bewertung zu erstellen, die auf mehrere Einschätzer zurückgreift. Dabei ist es in der Regel allerdings nicht sinnvoll, die Beurteilungswerte einfach zu mitteln oder
nach der Diskussion einen gemeinsamen Wert festzulegen. Das wird man zwar aus Praktika-
bilitätsgründen auch tun müssen, aber die interessantere Frage ist immer die nach der Koinzi-
denz von Einschätzungen. Man wird sich am ehesten dort auf eine vermutete Kompetenzaus-
prägung verlassen können, wo verschiedene Menschen unabhängig voneinander zu derselben
Bewertung gelangen – schon bevor sie darüber diskutiert haben.

Die Umsetzung des Mehr-Augen-Prinzips kann im Management Audit bedeuten, dass es
ähnlich wie im Assessment Center oder Einzel-Assessment ein Team von Einschätzern gibt,
die über das gesamte Verfahren hinweg, aus welchen Bausteinen es auch bestehen mag, eine
gemeinsame Bewertung erarbeiten. Es kann aber auch sein, dass ein Teilnehmer in zwei oder
drei aufeinander folgenden Interviews jeweils unterschiedlichen Auditoren gegenüber sitzt,
die danach ihre Sichtweisen zusammentragen und zu einem gemeinsamen Votum integrieren.

Schließlich kommen jene Varianten hinzu, in denen neben dem bzw. den Auditoren auch noch weitere Personen über Referenzen oder im Rahmen eines Feedbacksystems Stellung nehmen.

Wie gesagt: Letztlich weiß niemand, ob durch eine wie auch immer geartete Integration von Einzelmeinungen zu einem Gesamtvotum ein genaueres Urteil entsteht als durch eine Einzelmeinung, aber es ist eine Annahme, auf der das typische Vorgehen in Management Audits beruht.

Für Teilnehmer am Audit ergibt sich daraus die Notwendigkeit, sich darauf einzustellen, mehreren Personen gleichzeitig oder nacheinander gegenüberzustehen. Je nach Rollenverteilung unter den durchführenden Personen kann es unterschiedliche Anforderungen an den Umgang mit den Auditoren geben. Bspw. kann es so sein, dass zwei oder drei Interviewer sich mit Fragen mehr oder weniger systematisch abwechseln, so dass man sehr schnell und immer wieder den Aufmerksamkeitsfokus verändern und gleichzeitig eine Beziehung zu mehreren Personen aufbauen und einen guten Kontakt halten muss. Anders ist es, wenn ein Interviewer das Gespräch führt und andere Einschätzer nur schweigend dabei sitzen und das Ganze beobachten und bewerten. Dann sollte man sie zwar nicht außer Acht lassen, aber es sollte eine klare Konzentration der Aufmerksamkeit und des Kontakts auf den Gesprächspartner geben. Zu viele Seitenblicke und Kontaktaufnahmen zu den übrigen Einschätzern widersprechen deren Rolle und der Gesamtkonstellation und wirken auf den Interviewer irritierend und unangemessen. Den übrigen Einschätzern gegenüber sollte man sich im Wesentlichen auf die Begrüßung und Verabschiedung beschränken und nur gelegentlich, bei sich ggf. bietenden Anlässen im Gespräch, den Kontakt zu ihnen suchen.

2.6 Unter den Blinden ist der Einäugige König

Es ist inzwischen durchaus verbreitet, im Management Audit zusätzlich zum Interview auf die Meinung anderer relevanter Bezugspersonen zurückzugreifen. Die Grundidee, die allen konkreten Umsetzungen dieser Richtung gemein ist, besteht darin, eine Meinung von Personen einzuholen, die die einzuschätzende Person über längere Zeit im Alltag erlebt und kennen gelernt haben. Dadurch werden zum einen weitere Blickwinkel einbezogen und andere Wahrnehmungen als die des Interviewers fließen in die Bewertung ein. Zum anderen kann die langfristige Perspektive die punktuelle Wahrnehmung des Interviews sehr gut ergänzen.

Die einschlägigen Methoden unterscheiden sich vor allem im Hinblick auf folgende Dimensionen: Wer wird befragt? Mittels welcher Methode wird befragt? Wie werden die erhobenen Daten verarbeitet? Wie werden die erhobenen Daten für eine Ergebniserstellung und Ergebnisdokumentation verwendet?

Gerhardt & Ritter (2004) beschreiben die Methode der Referenzeinholung, wie sie von Egon Zehnder International eingesetzt wird (s. Abbildung 3). In anderen Vorgehensmodellen werden weitere Personen einbezogen, die Befragung erfolgt sehr standardisiert und kann auch schriftlich, per Fragebogen oder Internet durchgeführt werden. Das 360-Grad-Feedback ist dadurch gekennzeichnet, dass sowohl Vorgesetzte als auch Mitarbeiter, Kollegen und externe Ansprechpartner befragt werden. 360-Grad-Feedbacks werden in der Regel mit Hilfe eines Fragebogens eingeholt, inzwischen sehr häufig mit webbasierten Tools (vgl. zur Methode des 360-Grad-Feedbacks u. a. Scherm & Sarges, 2002).

Grundsätzlich sind alle Spielarten denkbar. Man könnte z. B. Vorgesetzte und Kollegen persönlich befragen und dafür stark strukturierte und standardisierte Leitfäden verwenden, man könnte sich ausschließlich auf direkte Geschäftspartner (interne wie externe) beziehen und hier sehr freie Interviews führen oder man könnte lediglich die Mitarbeiter befragen und sich dazu eines hoch standardisierten Fragebogens bedienen, in dem nicht nur Frageformate, sondern auch die Antwortmöglichkeiten stark strukturiert und standardisiert sind (keine freien Antworten, sondern nur Ankreuzmöglichkeiten auf einer Zustimmungsskala). Darüber hinaus lassen sich alle Kombinationen der in Frage kommenden Ausprägungen denken.

Referenzen ...

... werden auf freiwilliger Basis im Rahmen der Interviews zu Führungskräften eingeholt, mit denen intensiv zusammen gearbeitet wird

... dienen ausschließlich der Verprobung der Analyse, sie werden nicht als Fremdbild gesondert ausgewertet

... werden absolut vertraulich behandelt und weder an Vorgesetzte noch die betroffene Person weitergegeben

... sind nicht dazu da, persönliche, wertende Meinungen oder Urteile über eine Person abzugeben (kein Klatsch!)

... stellen eine differenzierte Einschätzung der wahrgenommenen Stärken und Defizite einer Person dar (keine Belanglosigkeiten)

... verbleiben bei Egon Zehnder und werden im Anschluss an das Projekt vernichtet.

Quelle: Gerhardt, T. & Ritter, J. (2004). Management Appraisal. Frankfurt: Campus, S. 26
Abbildung 3:   *Referenzen als ergänzende Methode im Management Audit von Egon Zehnder International*

Neben den oben genannten Vorteilen eines solchen Vorgehens (mehr Perspektiven, Ergänzung um langfristige Betrachtung) muss man allerdings die Grenzen dieser Methode im Kontext entscheidungs- und entwicklungsrelevanter Personalmaßnahmen, wie sie typischerweise mit Management Audits verbunden sind, bedenken.

Zum einen können Referenzgeber oder unter einer anderen Überschrift befragte Personen die bisherige und aktuelle Leistung bewerten und eine Potenzialeinschätzung damit lediglich für die Bereiche verbinden, deren Anforderungen auch zukünftig gelten werden. Um belastbare Aussagen über die Bewährungswahrscheinlichkeit im Hinblick auf neue Anforderungen machen zu können, müssten sie eine andere Datenbasis haben. Sie müssten wissen können, welche Leistung jemand unter Anforderungen erbringen kann, denen er bisher nicht ausgesetzt war. Insbesondere, wenn ein Management Audit eine Potenzialeinschätzung für Aufgaben leisten soll, die sich in den zentralen Anforderungen sehr stark von bisherigen Tätigkeitsfeldern der Teilnehmer unterscheiden, sollte man eher von Referenzen und vergleichbaren Methoden als Mittel der Potenzialeinschätzung absehen. Wenn es sich bei den zukünftigen Anforderungen um solche handelt, die den heutigen Anforderungen sehr ähneln, können diese Methoden sehr wichtige Informationen liefern.

Zum zweiten ist zu bedenken, dass in aller Regel die Qualität der Daten der Referenzgeber vor allem in schriftlicher Form, nicht kontrollierbar und nur schwer steuerbar ist. Viele Einflussgrößen bestimmen die Qualität von Einschätzungsdaten: Wie vertraut ist eine Person mit dem einzuschätzenden Menschen? Wie beschränkt ist der Verhaltensausschnitt, den jemand wahrnimmt? Wie gut sind die Differenzierungsfähigkeiten eines Referenzgebers im Hinblick auf unterschiedliche erfragte Leistungs- und Verhaltensaspekte? Wie vertraut ist jemand mit den Bedeutungen von ggf. vorgelegten Einschätzungsdimensionen? Wie interessiert ist jemand daran, einer Bewertung eine bestimmte (positive oder negative) Richtung, völlig unabhängig von tatsächlichen Leistungen, zu geben? Hier werden häufig die „offenen Rechnungen" angesprochen, die jemand anlässlich der Chance einer karriererelevanten Einschätzung begleichen will. Schließlich: Wie viel Zeit nimmt sich jemand, welche Mühe gibt sich jemand, um zu einer Antwort auf die gestellten Fragen zu gelangen? Sicherlich sind Kontrollmöglichkeiten im Hinblick auf Glaubwürdigkeit eines Referenzgebers bei einer persönlichen, mündlichen Befragung besser als bei standardisierten schriftlichen Befragungen. Ob er die Wahrheit sagt oder nicht, ist allerdings häufig nicht zu eruieren. Zu vermeiden sind Konstellationen, in denen heute Person A für Person B eine Referenz abgibt, schon wissend, dass morgen Person B für Person A eine Referenz abgeben wird. Die kollektive Schonhaltung liegt in diesem Fall natürlich nahe.

Zum dritten sollte berücksichtigt werden, dass insbesondere 360-Grad-Feedbacks bzw. Feedbacks anderer Gradabstufungen, die also nicht alle in Frage kommenden Bezugsgruppen ansprechen, sondern bspw. nur Mitarbeiter (auch bottom-up-Feedback genannt), als Instrumente der Personalentwicklung konzipiert wurden und nicht als diagnostische Methoden (nicht zuletzt wegen der angesprochenen Unsicherheiten im Hinblick auf die Datenqualität). Wenn man solche Instrumente in diagnostischen und entscheidungsrelevanten Kontexten wie Management Audits einsetzt, läuft man immer Gefahr, sie für andere Zwecke im Unternehmen zu verbrennen. Man wird sie nicht mehr oder nur mit vielen Erklärungen als Instrumente

der Unterstützung und Personalentwicklung einsetzen können. Das sollte man sich gut überlegen, bevor man sie im diagnostischen Kontext einsetzt.

Es ist möglicherweise hilfreich, als Teilnehmer zu wissen, wie solche Referenzen und Feedbacks einzuordnen sind, beeinflussbar sind sie in der Regel nicht leicht, denn selbst, wenn
man weiß, wer Referenz oder Feedback gibt, wird es nicht gut wirken, diese Personen anzusprechen und zu versuchen, auf ihre Einschätzung Einfluss zu nehmen. Man sollte davon
ausgehen, dass solche Einschätzungen dem eigentlichen Management Audit gegenüber ein
deutlich geringeres Gewicht haben und eher als ergänzende Informationen angesehen werden. Sollten sie dem Eindruck aus dem Audit widersprechen, wird man vermutlich dem Eindruck aus Interview und ggf. weiteren Bausteinen eines Audits den Vorzug geben.

3.   Fazit für Sie als Teilnehmer am Management Audit

■ Ein Management Audit ist nichts anderes als eine Form der Potenzialanalyse. Letztere
  wird am ehesten dann Management Audit genannt, wenn es um die Einschätzung einer
  größeren Gruppe von Führungskräften geht, wenn diese Führungskräfte höheren
  Managementebenen angehören und wenn sie im Kontext umfassender Veränderungspro-
  zesse im Unternehmen stehen. In der Regel bestehen sie im Kern aus Einzelinterviews.
  Management Appraisal oder Management Review sind synonyme Begriffe.

■ Erfolg im Management hängt gewiss nur zum Teil von den Fähigkeiten und Eigenschaften
  der handelnden Manager ab. Darüber hinaus sind Merkmale des Managementteams und
  des weiteren Kontexts, in dem eine Managementfunktion auszuführen ist, sehr wichtig.
  Dennoch werden im Rahmen von Management Audits Sie als Teilnehmer als der entscheidende Faktor angesehen. Verweise auf die „Umstände" können in diesem Kontext sogar
  als der Versuch gewertet werden, von eigenen Schwächen abzulenken.

■ Im Hinblick auf die Übernahme neuer Aufgaben und Funktionen sollten Sie als Teilnehmer sich selbst ein Bild davon machen, in welches Managementteam und in welche Rahmenbedingungen Sie sich begeben würden, wenn Sie diese Position übernähmen. So
  schön es ist, ausgewählt zu werden, so sehr ist es erforderlich, die Analyse im Hinblick auf
  die Rahmenbedingungen selbst zu initiieren, wenn sie im Verfahren nicht ausreichend geleistet wird. Letztlich sind Sie vor allem selbst daran interessiert, in einer möglichen zukünftigen Position erfolgreich zu sein und nicht nur in dem vorausgehenden Management
  Audit.

■ Im Audit-Interview wird genau darauf geachtet, ob Darstellungen glaubwürdig sind. Gute
  Interviewer werden Sie intensiv und tiefgehend befragen. Die Glaubwürdigkeit der Darstellung steigt, wenn Ihre Antworten den Kern der Frage treffen, wenn Sie Reflexion und

Differenzierung zeigen, wenn Sie Bezüge von der sachlichen Darstellung zur eigenen Person herstellen, wenn Sie sich selbst kritisch reflektieren und wenn Sie eine positive Beziehung zum Gesprächspartner aufbauen.

■ Von Aussagen im Interview sowie von der Leistung in Fallstudien und Simulationen wird auf das Verhalten im Arbeitsalltag geschlossen. Das ist die evidente Logik des Verfahrens. Dieser Schluss wird als umso belastbarer angesehen, je näher eine Aufgabe im Audit an Alltagsanforderungen ausgerichtet ist. Es ist ein großer Fehler, Präsentationen und Simulationen als „Spielchen" abzutun und nicht genauso ernst zu nehmen wie die reale Situation. Dazu gehören zum einen eine positive Einstellung zum Verfahren, die Sie sich erarbeiten sollten, und zum anderen der Einsatz, den Sie im Verfahren zeigen.

■ Es ist ausgesprochen wichtig, Klarheit über die Zielsetzung des Audits zu haben. Dient es ausschließlich der Selektion im Hinblick auf bestimmte Positionen oder auch nur eine Position, dient es sowohl dieser Auswahl als auch der Entwicklung von Managementfähigkeiten auf der Basis der Ergebnisse oder ist die Managemententwicklung vorrangiges, eventuell auch einziges Ziel des Verfahrens? Je klarer und glaubwürdiger die Zielsetzung der Managemententwicklung das Verfahren bestimmt, desto mehr gewinnen Sie als Teilnehmer von Offenheit und Bereitschaft zur selbstkritischen Reflexion. Bei reinen Auswahlprozessen werden Sie sich entscheiden müssen, ob Sie sich zutrauen, Schwächen (a) zu verbergen und (b) in der Folge gegebenenfalls schnell genug beseitigen zu können, um in einer entsprechend anspruchsvollen Funktion zu bestehen – oder ob Sie das Audit eher als Chance sehen, für sich zu klären, ob eine Funktion für Sie selbst die richtige ist.

■ In der Regel werden Sie im Rahmen von Management Audits mehreren Personen gegenüberstehen, die an der Einschätzung beteiligt sind. Man sollte sich um eine angemessene, den Rollen entsprechende Verteilung der eigenen Aufmerksamkeit bemühen und kontinuierlich darauf achten, einen angemessenen Kontakt zu halten. Dabei sollten Sie sich vor zuviel Freundlichkeit, Nähe und Beflissenheit ebenso hüten wie vor zu großer Kühle und Distanz.

■ Wenn Referenzen oder Feedbacks von Dritten eingeholt werden, kann man davon ausgehen, dass solche Einschätzungen dem eigentlichen Management Audit gegenüber ein deutlich geringeres Gewicht haben und eher als ergänzende Informationen angesehen werden. Sollten sie dem Eindruck aus dem Audit widersprechen, wird man vermutlich den Eindruck aus Interview und ggf. weiteren Bausteinen eines Audits stärker berücksichtigen.

Die wichtigsten Fragen

1. Wozu ein Management Audit?

Ein gravierender Fehler, den Führungskräfte, die an einem Management Audit teilnehmen, im Vorfeld häufig machen, besteht darin, sich nicht die Mühe zu machen, die Angelegenheit aus der Perspektive der Anderen zu sehen. Die Anderen sind hier diejenigen, die das Audit wollen – sei es die Geschäftsführung, der Vorstand oder der Leiter des Bereichs. Kaum hat die Geschäftsführung oder der Vorstand die Durchführung eines Audits angekündigt, ist man auf der anderen Seite schnell auf Konfrontationskurs. Das mag verständlich sein, geht doch mit der Ankündigung eines Audits zumeist eine gewisse Aufregung im Management und eine nicht unerhebliche persönliche Beunruhigung einher. In einer entsprechenden Verfassung drängen sich besorgte Gefühle und Gedankenspiele unmittelbar auf. Insbesondere verletzter Stolz auf die eigene langjährige Erfahrung und die eigene Erfolgsgeschichte mag bei manchem ein Gefühl der Kränkung hervorrufen.

Es entsteht Frustration, eventuell sogar Angst: die Grundlage für Widerstand und Gegenwehr. Dies wird dadurch noch verstärkt, dass Kollegen, die ebenfalls teilnehmen sollen, ähnliche Empfindungen haben und man sich darüber austauscht. Wo die Wertschätzung durch das eigene Management schwindet, verbindet die gegenseitige Unterstützung im Kollegenkreis. Die konfrontative Position, die viele Individuen gleichzeitig einnehmen, wird im Konsens gestärkt und ausgebaut. Die Menge der Argumente und Rechtfertigungen für die eigene Sichtweise ist größer in der Gruppe und jeder kann sie sich zu Eigen machen. Wenn man Manager in dieser Stimmung bittet, die Sichtweise ihrer Vorgesetzten zu verstehen, werden sie das Gefühl haben, sich angesichts der Zumutung eines Audits, auch noch unterwürfig und verständnisvoll zeigen zu sollen.

Ein gefährliches Missverständnis: Es geht nicht darum, der Haltung der Geschäftsführung oder des Vorstands ungefragt zuzustimmen, sondern erst einmal darum, sie inhaltlich nachzuvollziehen. Es geht darum, zu verstehen, warum das eigene Topmanagement diesen Weg einschlägt. Dafür gibt es etliche mögliche Gründe. Diese Gründe kennen zu lernen, könnte helfen, die Konfrontation zu überwinden. Dafür muss man sich von der eigenen Position lösen und die Perspektive wechseln. Das größte Problem besteht dabei darin, dass das eigene Topmanagement oft nicht oder in etlichen Fällen nur ungern mit der Wahrheit darüber herausrückt, warum das Audit gewünscht wird. Die offen kommunizierten Gründe für die Durchführung von Management Audits sind schnell aufgelistet. Sie wiederholen sich in unterschiedlichsten Zusammenhängen und Unternehmen:

■ Wir sehen uns veränderten Marktbedingungen ausgesetzt, die unsere Führungskräfte vor neue Anforderungen stellen. Wir müssen sicherstellen, dass sie diese Anforderungen erfüllen können.

■ Die langfristige Nachfolgeplanung im Unternehmen macht es erforderlich, systematisch die Potenzialträger in der mittleren Führungsebene zu erkennen und zu fördern.

■ Durch Reorganisationen sind Managementpositionen neu geschaffen und definiert worden. Es muss systematisch geklärt werden, wer sich für welche Rolle am besten eignet.

■ Wir planen eine strukturierte Managemententwicklung, an deren Anfang eine individuelle Standortbestimmung für jede Führungskraft stehen soll.

■ Wir möchten unseren Führungskräften die Gelegenheit geben, ein Feedback über ihre Stärken und Schwächen jenseits der subjektiven Meinung ihres direkten Vorgesetzten zu bekommen.

Aller Erfahrung nach handelt es sich bei diesen offiziellen Begründungen durchaus um die tatsächlichen Umstände, die ein Topmanagement veranlassen, ihre Führungskräfte genauer unter die Lupe nehmen zu lassen. Dennoch handelt es sich eher um Anlässe, weniger um zwingende Gründe für die Durchführung von Audits. Man kann angesichts dieser Situationen zum Mittel eines Audits greifen, man kann aber auch auf anderem Wege zu Einschätzungen kommen. Es gibt gewiss nur einige wenige handfeste Gründe dafür, eine über das Wissen um die bisherige Leistung und die bestehenden persönlichen Eindrücke hinausgehende Einschätzung mithilfe externer Experten einzuholen:

■ Prioritätensetzung: Wir hätten zwar die Möglichkeit, uns selbst intensiv mit der Frage der Fähigkeiten unserer Führungskräfte auseinanderzusetzen, aber wir müssen uns mit anderen Dingen beschäftigen, die wichtiger sind. Es reicht, die Ergebnisse zu bekommen und zu entscheiden.

■ Lückenhaftes Wissen: Das konkrete Wissen über die Beiträge der einzelnen Führungskräfte zu den Ergebnissen ihres Verantwortungsbereichs ist entweder tatsächlich nicht so ausgeprägt wie man erwarten sollte oder die bisherigen Leistungen bieten keine ausreichende Basis für eine Einschätzung des Potenzials für neue, ggf. völlig andere Anforderungen.

■ Erkenntnisgewinn: Die externen Einschätzer verstehen ihr Handwerk so gut, dass sie Erkenntnisse bringen, die wir selbst nicht oder nur mit zu großem Aufwand zutage fördern könnten. Möglicherweise haben sie einen Überblick über die Branche und die Kompetenz der Führungskräfte in konkurrierenden Unternehmen oder können allgemeine Vergleichsdaten einbringen.

■ Professionelles Feedback: Es ist besonders wichtig, differenziertes und überzeugendes Feedback auch über kritische Aspekte zu geben. Die Ausbildung und Erfahrung der externen Experten sowie ihre persönliche Neutralität den Teilnehmern gegenüber ermöglichen das.

■ Interessenkonflikte: Die einzelnen Mitglieder des Vorstands oder der Geschäftsführung sind mit bestimmten Führungskräften enger verbunden als mit anderen und kämpfen für sie und darüber für das Ansehen ihres Bereichs, ggf. auch für ihre eigene Macht. Man kann sich auf keine gemeinsame Einschätzung einigen.

In all diesen Fällen entspricht die Entscheidung für die Durchführung eines Management Audits durchaus der Verantwortung im Topmanagement für die Zusammenstellung und Führung des geeigneten Managementteams. Man wird an den Fähigkeiten eines Management Teams zweifeln, wenn es dort ausgeprägte Wissenslücken über die Kompetenzen und Potenziale der eigenen Führungskräfte gibt, wenn es vor lauter Machtkämpfen zu keiner vernünftigen Einschätzung kommt oder seine Mitglieder nicht in der Lage sind, ein professionelles und auch kritisches Feedback zu vermitteln. Aber es kann so sein. Und zumeist ist es zum Zeitpunkt der Entscheidung für ein Audit auch zu spät, um entsprechende Mängel zu beheben.

Es ist also wichtig, Anlässe und Gründe für die Durchführung von Management Audits auseinander zu halten. Leider werden zumeist die Anlässe als Gründe kommuniziert und die Adressaten spüren schnell, dass die Anlässe nicht zwingend sind. Andererseits eignet sich nicht jeder tatsächliche Grund für eine offene Kommunikation. Auch das dürfte verständigen Menschen einleuchten.

Wenn angesichts solcher Konstellationen Führungskräfte eine innere Ablehnung hinsichtlich der Teilnahme an einem Management Audit entwickeln, kann das für sie üble Folgen haben. Denn die meisten von ihnen werden dennoch zum Audit-Termin erscheinen und befinden sich damit in einem Widerspruch zwischen ihrem Handeln und ihrer inneren Ablehnung des Audits. Dieser innere Widerspruch wird ihnen aller Erfahrung nach einen noch größeren Stress bereiten als ihn die Teilnahme an einem solchen Verfahren ohnehin bedeuten kann. In der Regel wird es einem Teilnehmer schwer fallen, sich dann auf die Gespräche und Aufgaben wirklich einzulassen und eine positive Beziehung zum Auditor aufzubauen. Darunter wird die Einschätzung sicher leiden, so dass sich am Ende zum Konflikt mit der Geschäftsführung und dem Zuwachs an Stress auch noch ein schlechtes Abschneiden im Audit gesellt.

Wie ließe sich dieser unglückliche Verlauf der Dinge unterbrechen? Durch einen gelungenen Perspektivwechsel zur rechten Zeit und durch eine offene und frühzeitige Kommunikation und eine ausgeprägte Gesprächsbereitschaft seitens der Auftraggeber eines Audits. Aber selbst wenn man sich in der unglücklichen Lage befindet, wenig über Anlässe **und** Gründe zu erfahren, kann man sich darum bemühen, entsprechende Informationen zu bekommen und sich selbst ein Bild machen, das nicht den ersten spontanen Eindruck zementiert. Gerade die Führungskräfte, die sich darauf berufen, dass sie seit Jahren ihre Leistung im Unternehmen bringen und nicht verstehen können, dass man sie nochmals einschätzen lassen will, wissen in der Regel soviel über ihr Unternehmen und auch über die Situation in der Geschäftsführung, dass sie schnell einige brauchbare Hypothesen darüber entwickeln können, warum das Topmanagement wohl zu der (aus ihrer Sicht abwegigen) Idee kommt, ein Management Audit mit externer Unterstützung durchführen zu lassen. Wer sich intensiv in die Situation hineinversetzt und alle verfügbaren Informationen sowie persönliche Eindrücke zusammen nimmt, wird vermutlich plausible Szenarien entwickeln können. Er kann nun daran gehen, diese Hypothesen zu prüfen, kann beobachten, Gespräche führen, weitere Informationen sammeln, sollte sich aber nicht darauf verlassen, dass die aufgestellten Hypothesen zutreffend sind. Es dürfte vielen Führungskräften möglich sein, die Konstellation nachzuvollziehen, die im Topmanagement zu dieser Entscheidung geführt hat. Wer sich dann in die Lage eines Mitglieds dieses Topmanagements versetzt, kann vielleicht sogar verstehen, dass aus dessen Sicht das Management Audit keine so abwegige Idee ist.

Durch den Perspektivwechsel löst sich die eigene Fixierung auf die gekränkte Eitelkeit. Man kann durchaus nach wie vor ein solches Audit für die eigene Person für ungeeignet, unangemessen oder deplaziert halten. Dennoch kann man sich dazu anders positionieren. Man weiß, dass das eigene Topmanagement nicht plötzlich so tun will, als habe man nicht 5 oder 15 Jahre zusammen gearbeitet. Man kann nachvollziehen, dass bspw. eine Situation entstanden ist, in der für eine geringere Zahl von Topfunktionen eine größere Anzahl von möglichen Funktionsträgern existiert und dass die Unternehmensführung einen Entscheidungsprozess möchte, der allen nochmals eine faire Chance gibt, sich zu präsentieren. Zusätzlich kann man viele andere Aspekte und Details im Hintergrund einer solchen Entscheidung betrachten und verstehen.

Mithilfe des Perspektivwechsels und durch das Bemühen um Information und Klarheit kann und sollte jede Führungskraft, die zu einem Audit eingeladen wird, es schaffen, bis zum Termin die innere Ablehnung so weit in den Griff zu bekommen, dass sie offen an die Sache herangehen kann. Wer Widerstand und Ablehnung nicht ausreichend überwindet und mit Vorbehalten in ein solches Verfahren geht, wird Probleme bekommen. Denn dann steht das Handeln im Widerspruch zur inneren Überzeugung. Das wird dazu führen, dass sich die Führungskraft im Verfahren nicht den eigentlichen Anforderungen und Themen stellen kann, weil sie damit beschäftigt ist, die Dissonanz in sich selbst aufzulösen.

Die frühzeitige, ernsthafte und ggf. mit etwas Aufwand betriebene Suche nach Informationen über die Gründe und Ursachen und nicht nur die Anlässe eines Audits helfen den Teilnehmern am meisten.

2.   Muss ich an einem Audit teilnehmen?

Die Teilnahme an einem Audit ist grundsätzlich freiwillig. Wenn in Ihrem Unternehmen ein Audit durchgeführt wird und Sie daran teilnehmen sollen, wird man Sie dazu einladen. In der Regel wird sich eine entsprechende Einladung auch an eine Gruppe von Kollegen richten. Sie werden vermutlich sehr schnell spüren und ggf. auch aus vorangegangenen Gesprächen wissen, dass Ihre Geschäftsführung bzw. Ihr Vorstand Wert darauf legt, dass Sie und Ihre Kollegen teilnehmen. Einen rechtlichen Anspruch darauf hat Ihr Unternehmen allerdings nicht. Es mag sogar so sein, dass man Sie explizit auf die Freiwilligkeit der Teilnahme hinweist. Von der Möglichkeit, sich einem Audit zu verweigern, machen erfahrungsgemäß dennoch weniger als 5 % der eingeladenen Führungskräfte Gebrauch – und das, obwohl nicht selten mehr als 80 % der zur Teilnahme vorgesehenen Manager der Überzeugung sind, ein Audit sei nicht erforderlich, um ihre Fähigkeiten, ihre Stärken und Schwächen oder ihr Potenzial für neue Aufgaben einzuschätzen. Die Erklärung dafür liegt nahe: Es macht sich nicht gut, sich vor einem solchen Verfahren zu „drücken". Man wird von den Vorgesetzten und auch von den Kollegen, die sich für eine Teilnahme entschließen, als feige betrachtet und es wird sehr schnell gemutmaßt, dass man wohl seine Gründe haben wird, sich dem Test lieber nicht zu unterziehen. Es wird schnell unterstellt, dass derjenige, der die Teilnahme verweigert, seine Schwächen wohl kennt, sie bisher erfolgreich verbergen konnte, aber dass er nun ihre schonungslose Aufdeckung im Audit befürchtet.

Andererseits kann es auch sein, dass die Kollegen demjenigen offen oder verborgen Respekt zollen, der das Rückgrat zeigt, die Teilnahme abzulehnen – ohne selbst diesen riskanten Schritt vollziehen zu wollen. Im Grunde gibt man ihm ja recht: Es ist nicht in Ordnung, einen Manager, der im Unternehmen seine Fähigkeiten bereits unter Beweis gestellt hat, nun mit Hilfe externer Berater endlich in eben diesen Fähigkeiten erkennen zu wollen. Eigentlich ein Armutszeugnis für die Vorgesetzten, die sich zu dieser Einschätzung offenkundig nicht in der Lage sehen. – Allerdings kann dieser Heldenstatus schnell wieder verloren gehen. Wenn die übrigen Kollegen das Audit durchlaufen haben, ändert sich nicht selten ihre Einschätzung. Sie haben möglicherweise ein differenzierteres Feedback erhalten als je zuvor, haben die Möglichkeit, Unterstützung für ihre persönliche Entwicklung in Anspruch zu nehmen und konnten sich unter Umständen sogar für interessante weitere Perspektiven empfehlen. Aus dieser veränderten Position heraus erscheinen ihnen diejenigen, die nicht teilgenommen haben, als Zauderer, Querköpfe und Problematisierer, die sich wirklichen Herausforderungen nicht stellen mögen.

Also gibt es gewichtige taktische Gründe, an einem Audit teilzunehmen, auch wenn man nicht muss. Aber bei rein taktischen Überlegungen sollte es wohl nicht bleiben. Es gibt durchaus auch substanzielle Gründe, an einem solchen Verfahren im eigenen Interesse teilzunehmen. Wer garantiert denn, dass man ohne ein entsprechendes Audit überhaupt richtig wahrgenommen und in seinen Fähigkeiten erkannt wird? Viele Führungskräfte erhalten über lange Phasen kein oder nur sehr oberflächliches Feedback. Eine differenzierte Auseinandersetzung mit ihren Stärken und Schwächen findet in der Regel außerhalb von Audit-Verfahren nicht statt. Mancher wundert sich, dass er bei wichtigen Personalentscheidungen einfach übergangen wird und muss dann erkennen, dass er den Zeitpunkt für eine Intervention offenbar verpasst hat. Da wäre ein Management Audit gerade recht gekommen, um noch einmal auf sich aufmerksam zu machen und mit Vorurteilen gegen und kolportierten Meinungen über die eigene Person aufzuräumen und sich im Rennen zurückzumelden.

Was geschieht, wenn Sie trotz aller anders lautenden Empfehlungen die Teilnahme verweigern? Nicht viel – zunächst einmal. Vielleicht werden Sie zu einem Gespräch gebeten, um Sie zu überzeugen oder zu überreden, doch am Audit teilzunehmen. Wenn Sie auch da standhaft bleiben, werden Sie einfach nicht dabei sein. Ihr Topmanagement wird vermutlich den Eindruck von Renitenz und mangelnder Gefolgschaft zurückbehalten und die Managemententwicklung wird Sie möglicherweise nachrangig in weitere Entwicklungsprogramme aufnehmen. Ein gewisser Makel wird an Ihnen hängen bleiben. Man wird noch gelegentlich daran erinnern, dass Sie ja damals nicht teilgenommen haben ... Und bei konsequentem Handeln in der Geschäftsführung bzw. dem Vorstand wird man bei zukünftigen Personalentscheidungen eher auf andere Personen zurückgreifen.

Gerade wenn Sie kompetent und erfahren sind, brauchen Sie das Audit nicht zu fürchten. Sie müssen zwar nicht teilnehmen, aber es gibt viele Gründe, es zu tun und noch mehr, sich bewusst dafür zu entscheiden.

3.   Welche Konsequenzen muss ich befürchten?

Ein Management Audit ist zweifellos eine ernst zu nehmende Angelegenheit. In aller Regel werden die Ergebnisse für wichtige personelle Entscheidungen genutzt und haben auch direkten Einfluss auf diese Entscheidungen. Das gilt insbesondere, wenn es um Auswahl- und Zuordnungsentscheidungen geht. Selbstverständlich gibt es dabei unterschiedliche Konstellationen im Hinblick auf den Stellenwert und das Gewicht für die anstehenden Entscheidungen. Es kann vorkommen, dass das Management Audit die deutlich vorrangige, wenn nicht alleinige Entscheidungsgrundlage ist, es kann sein, dass verschiedene Informationsquellen genutzt werden, unter denen die Ergebnisse des Audits einen bestimmten Stellenwert haben. Dieser Stellenwert kann wiederum unterschiedlich hoch sein. Schließlich kann es sein, dass Entscheidungen weitgehend aufgrund anderer Informationen fallen und dass das Audit lediglich zur Absicherung und/oder Ergänzung dieser Informationen genutzt wird. Sehr selten, aber nicht ausgeschlossen, sind Fälle, in denen ein Audit zwar durchgeführt wird, es aber auf die Entscheidung keinen Einfluss hat.

Immer häufiger werden Management Audits nicht mit der Absicht durchgeführt, in direktem Zusammenhang mit der Durchführung Entscheidungen über den zukünftigen Einsatz der Teilnehmer zu treffen. Es kann vorkommen, dass es um die Aufnahme in einen Führungsnachwuchskreis geht. Insofern wird also zwar eine Auswahl getroffen, diese aber nicht mit direkten, konkreten Besetzungsentscheidungen verbunden, sondern sie bestimmt, wer in den Genuss besonderer Förderung und Aufmerksamkeit kommt. Eine andere Absicht des Audits kann eine individuelle Stärken-Schwächen-Analyse mit dem Ziel der sehr spezifischen Förderung einzelner Personen sein. Dabei handelt es sich dann oft um Führungskräfte, die bereits eine neue Rolle übernommen haben und deren bestmögliche Wahrnehmung unterstützt werden soll. Schließlich kann es auch sein, dass eine größere Anzahl von Managern ein Audit durchläuft, um gemeinschaftliche Stärken und auch kollektiven Entwicklungsbedarf im Management zu identifizieren, also Kompetenzaspekte herauszuarbeiten, in denen alle oder eine große Zahl der teilnehmenden Führungskräfte besonders stark sind oder Schwächen zeigen.

Noch immer verbinden die meisten Führungskräfte mit dem Begriff „Management Audit" die Vorstellung, es gehe ihnen nun an den Kragen. Dabei ist schon nach dieser kurzen Übersicht über die möglichen Zielsetzungen von Management Audits erkennbar, dass die Frage nach den Konsequenzen, die zu gewärtigen sind, sehr abhängig ist von den hier nur angedeuteten, unterschiedlichen Zielsetzungen eines Audits.

Typische Konsequenzen aus Management Audits sind:

- Übernahme einer neuen Funktion: Diese Funktion kann höherwertig, gleichrangig oder auch niedriger eingestuft sein als die bisherige.

- Verbleib in der bisherigen Verantwortung, manchmal mit, manchmal ohne weitere Unterstützung für die persönliche Kompetenzentwicklung

- Verabredung individueller Entwicklungsunterstützung, häufig durch zeitlich und inhaltlich determiniertes Coaching

- Teilnahme (oder auch Nicht-Teilnahme) an einem spezifischen Förderprogramm

- Ergebnisloses Warten auf differenzierte Rückmeldungen, fehlende oder oberflächliche Gespräche über die Schlussfolgerungen aus dem Audit und Ausbleiben weiterer Unterstützung

- Wunsch des Topmanagements, sich zu trennen und in der Folge tatsächlich Trennung vom Unternehmen (in aller Regel via Aufhebungsvereinbarung)

Insbesondere in Konstellationen, in denen neue Rollen geschaffen, bestehenden Positionen veränderte Aufgaben zugeordnet werden oder für eine neue Organisation und ihre Managementstruktur die richtigen Besetzungen gefunden werden müssen, wird die wesentliche Konsequenz des Audits für den Einzelnen die Frage seiner zukünftigen Funktion betreffen. Im Kontext von Reorganisationen und Fusionen tritt nicht selten der Fall ein, dass es weniger hochrangige Managementpositionen gibt als Interessenten dafür. Deshalb kann die Konsequenz sein, in der Hierarchie eine Ebene abzusteigen bzw. nicht den gewünschten Aufstieg zu schaffen. Wo z. B. sieben Regionalbereiche zu drei oder vier größeren Gebieten zusammengefasst werden, gibt es einen Überhang an Regionalleitern. Häufig wird man einigen Personen eine Tätigkeit in der Ebene unterhalb der Regionalleitung anbieten, ihre Kompetenz aber gern weiterhin im Unternehmen nutzen wollen. Für eine möglichst faire Auswahl kann hier ein Management Audit zum Einsatz kommen. Nicht selten wird die Unternehmensleitung bemüht sein, auch denen, die nicht den Sprung in die größere Verantwortung geschafft haben, alternative attraktive Aufgaben zu geben, wie z. B. eine intensivere Beteiligung, ggf. auch in leitender Position, an unternehmensweiten Projekten. Darüber hinaus werden Einsichten in Stärken und Schwächen generiert, die in beiden Fällen zu persönlicher Unterstützung führen können. Häufig wird man hier auf individuelles Coaching zurückgreifen, aber auch andere Maßnahmen der Managemententwicklung sind denkbar.

In Situationen, in denen für eine konkret zu besetzende Managementposition mehrere Interessenten in Frage kommen, wird das Audit günstigenfalls eine Empfehlung für einen der Kandidaten hervorbringen. Für alle anderen wird die Konsequenz zunächst lediglich sein, dass sie in ihrer bisherigen Funktion verbleiben. Allerdings wird man im Zuge des Audits auch von ihnen ein erweitertes Bild ihrer Kompetenzen und ihres Entwicklungspotenzials erhalten. Zudem werden sie durch die Teilnahme am Audit bei den Entscheidungsträgern stärker im Bewusstsein sein bzw. im Gedächtnis bleiben als vorher. Wenn sie Stärken zeigen konnten, ist diese nachhaltige Repräsentation für sie dauerhaft sicher von Vorteil.

In diesem Zusammenhang kann es zu dem heiklen Fall kommen, dass jemand sich im Audit nicht nur für die angestrebte Rolle als ungeeignet erweist, sondern auch Skepsis im Hinblick auf seine Eignung für die Aufgaben erzeugt, die er derzeit wahrnimmt. Vielfach haben Entscheidungsträger keinen so tiefen Einblick in die Art und Weise, wie Führungskräfte ihre Aufgaben konkret wahrnehmen. Solange die Ergebnisse ein bestimmtes Niveau nicht unterschreiten, bleiben möglicherweise vorhandene Defizite verborgen. Dass bei kompetenterer Führung des Verantwortungsbereichs deutlich bessere Ergebnisse möglich wären, wird ebenso wenig reflektiert wie die Frage, ob gute Ergebnisse in erster Linie wegen oder trotz der Führung des Bereichs zustande kommen. Wenn also ein Audit Schwächen im Hinblick auf die aktuelle Funktion offenbart, dürfte die erste Konsequenz sein, dass dem Kandidaten und seiner derzeitigen Performance erhöhte Aufmerksamkeit zuteil werden. Gegebenenfalls werden auch direkte Gespräche über den Eindruck und die Irritationen im Hinblick auf die derzeitige Rollenwahrnehmung geführt und konkrete Zielsetzungen vereinbart. Hier kann also das Audit durchaus zu einer deutlichen Verengung des Spielraums und einer Steigerung des Drucks auf die Führungskraft führen. Selten wird unmittelbar eine Trennung angestrebt. Wenn allerdings keine Entwicklung erkennbar ist, wird man langfristig die Frage des richtigen Einsatzes stellen und beantworten wollen. Aber auch in dieser zunächst unangenehmen Lage kann man eine Chance sehen, wenn man die Erkenntnisse nutzt, um – möglichst mit Unterstützung des Unternehmens – an sich zu arbeiten und wichtige Entwicklungsschritte zu vollziehen.

In aller Regel positiv bewertet und gern angenommen werden die Möglichkeiten, Unterstützung für die eigene Entwicklung in Anspruch zu nehmen, die sich aus den Erkenntnissen und Reflexionen eines Management Audits ergeben können. Die Teilnahme an einem Förderprogramm des Unternehmens, die Initiierung eines Coachings, die Teilnahme an einem General Managementkurs oder an spezifischen Managementtrainings, die Unterstützung für die Übernahme wichtiger zusätzlicher Rollen im Unternehmen, bspw. in Projekten, die Hilfe bei der Netzwerkbildung usw. resultieren nicht selten aus der Teilnahme an einem Management Audit. Hier bieten sich viele Gelegenheiten, an sich zu arbeiten, sich weiter ins Blickfeld des Topmanagements zu rücken und auf längere Sicht Karriereschritte zu machen.

Diese positive Bilanz wird allerdings nur dann eintreten, wenn Managemententwicklung tatsächlich ein wesentliches Interesse hinter dem Audit ist. Es kommt leider immer wieder vor, dass dieses Interesse zwar im Vorfeld beteuert wird, damit aber vor allem die Zustimmung zur Teilnahme erwirkt werden soll. Hinterher erinnert man sich nicht mehr so recht an dieses Aussagen und geht zu dringlicheren Themen über. Auf diese Weise entsteht erhebliche

Frustration über langes und ergebnisloses Warten auf die versprochenen Feedback- und Reflexionsgespräche, über ausbleibende Unterstützung und fehlende Planung und Koordination der Managemententwicklung auf Basis der Audit-Ergebnisse. Die Konsequenz des Audits ist hier vor allem Enttäuschung und der Verlust von Vertrauen in die Fähigkeiten des eigenen Topmanagements.

Wenngleich es nicht, wie schnell assoziiert wird, im Audit in der Regel und in erster Linie um das Aussieben geht, kommt es dennoch vor, dass man sich in der Folge eines Audits von einer Führungskraft oder auch von mehreren Managern trennen möchte. Dabei muss man bedenken, dass das Audit nur das Instrument ist, mit dessen Hilfe man Einschätzungen erreicht, die als Grundlage für so schwerwiegende Entscheidungen geeignet sind. Es wird nicht über Trennung nachgedacht, weil man ein Audit gemacht hat, sondern man denkt über ein Audit unter Umständen auch deswegen nach, weil man weiß, dass man sich von einigen Führungskräften trennen muss. Es wird ein Weg gesucht, möglichst gründlich vorbereitet entsprechende Entscheidungen zu fällen und jedem noch einmal die Möglichkeit zu geben, sich zu präsentieren. Zudem muss natürlich zugestanden werden, dass auch bei kritischer Bewertung letztlich nicht das Audit die Ursache der Trennung ist, sondern persönliche und Kompetenzdefizite, die anlässlich des Audits erkennbar und konkret benannt werden. Nicht selten sind diffuse Wahrnehmungen von Defiziten schon vorher vorhanden, nur nie so klar expliziert worden. Dennoch trifft es den Einzelnen unter Umständen unerwartet und das Feedback nach dem Audit entspricht nicht seinen Erwartungen und seinem Selbstbild. Hier rächt sich häufig die unzureichende Stringenz und Offenheit, mit der im Vorfeld über Leistungen und Defizite gesprochen und Feedback gegeben wurde. So kann es zu der Wahrnehmung kommen: „Ich habe nie ein kritisches Wort gehört und jetzt dieses Ergebnis im Audit. Das kann ich nicht verstehen!" Eine berechtigte Gegenfrage sei noch abschließend erlaubt: Wenn Sie nie ein Feedback bekommen haben, haben Sie denn danach gefragt?"

Die Befürchtung mancher Auditteilnehmer, es gehe ihnen an den Kragen, sollte auch noch in einer weiteren Hinsicht relativiert werden: Management Audits werden inzwischen nicht mehr ausschließlich auf den höchsten Managementebenen, sprich auf Geschäftsführungs- bzw. Vorstandsebene sowie in der ersten Führungsebene darunter eingesetzt. Vielfach wendet man auch auf nachgeordneten Führungsebenen Verfahren der Potenzialeinschätzung an, die man Management Audit nennt. Naturgemäß findet sich hier eine größere Zahl möglicher Teilnehmer. Man wird aber nur bei hochrangigen Führungskräften mit tatsächlicher unternehmerischer Verantwortung und erheblichem Entscheidungsspielraum von Leitenden Angestellten im Sinne des Betriebsverfassungsgesetzes sprechen. Für alle anderen – und das ist faktisch die große Mehrheit der Teilnehmer an Management Audits – gelten die vollen Informations- und Mitwirkungs- bzw. Mitbestimmungsrechte des Betriebsrats. Deshalb ist er in den Prozess der Entwicklung und Umsetzung eines Audits einzubinden und wird maßgeblichen Einfluss insbesondere im Hinblick auf die möglichen Konsequenzen nehmen. Sollte es bei dem Audit tatsächlich um Auswahlentscheidungen, die Frage des zukünftigen Einsatzes von Führungskräften oder um eine Trennung von einzelnen Personen gehen, wird der Betriebsrat sich ganz besonders um die Wahrnehmung aller ihm zustehenden Rechte bemühen. Diese werden sich dann nicht nur auf die Gestaltung des Verfahrens, also auf die Beurteilungsgrundsätze, beziehen, sondern auch auf die Grundsätze, nach denen die anstehenden Auswahlentscheidungen getroffen werden. Dabei werden vor allem Chancengleichheit, Wahrung der Persönlichkeitsrechte des Einzelnen und die Beachtung aller anerkannten Kriterien der Sozialauswahl eine herausragende Rolle spielen. Für viele Führungskräfte bedeutet das, dass eine Kündigung nicht begründet werden und man ihnen schlimmstenfalls einen Aufhebungsvertrag anbieten kann. Eine einvernehmliche Lösung wahrt die Interessen des Betroffenen deutlich besser und ein Übergang zu einer anderen Aufgabe in einem anderen Unternehmen kann mit entsprechender Outplacement-Unterstützung und finanzieller Absicherung erfolgen.

Die wenigen Personen allerdings, die tatsächlich nicht vom Betriebsrat vertreten werden, haben im Sprecherausschuss, wenn es ihn denn in ihrem Unternehmen gibt, häufig keinen entsprechend stark positionierten Interessensvertreter im Rücken. In ihren Fällen spielt ohnehin das ungestörte persönliche Vertrauensverhältnis innerhalb des Topmanagements eine sehr wichtige Rolle. Sollten Audit-Ergebnisse vorliegen, die aus Sicht des Auftraggebers Anlass zur Sorge geben, dürfte das Vertrauen auf die Leistungsfähigkeit und Ergebnissicherheit hinlänglichen Schaden nehmen, um einvernehmliche Lösungen zu suchen.

4. Was wird in einem Management Audit „gemessen"?

Streng genommen wird in einem Management Audit gar nicht gemessen. Die Vorstellung eines mechanischen Vorgangs zur Bestimmung einer Größe, eines Umfangs, eines Gewichts o. ä., ist für die Einschätzung von Menschen nicht passend. Die Analogie des Messens bringt zu viele Konnotationen ins Spiel, die eher hinderlich sind und eine Genauigkeit vorgaukeln, die nicht erreicht werden kann. In Potenzialeinschätzungsverfahren werden Menschen nach vorab definierten Kriterien an festgelegten Maßstäben eingeschätzt. Dazu werden ihr Verhalten im Audit selbst sowie ihre Berichte über vergangenes Verhalten herangezogen, ebenso wie ihre Aussagen darüber, wie sie sich in bestimmten fiktiven Situationen verhalten würden. Außerdem werden häufig Aufgaben gestellt, deren Lösung bestimmten Vorgaben genügen muss. Beispielsweise gibt es in Fallstudien in der Regel klare Lösungen für die korrekte Analyse der vorgegebenen Daten und in strategischen oder konzeptionellen Präsentationen wird eine vollständige, korrekte und/oder differenzierte Bearbeitung erwartet. Werden zusätzlich psychometrische Testverfahren eingesetzt, gibt es auch hier klare Bewertungsregeln, die eine Einordnung des Teilnehmers im Hinblick auf die erhobenen Fähigkeiten erlauben. All das entspricht aber nicht dem Messen im physikalischen Sinn.

Wir sollten also den Begriff des Messens hier nicht verwenden. Stattdessen werden Einschätzungen getroffen und ggf. Testdaten erhoben – letzteres im Rahmen von Management Audits allerdings nur sehr selten. Was wird also eingeschätzt?

Im Management Audit geht es darum, die Ausprägung von Leistungsvoraussetzungen zu bestimmen. Fast immer konzentriert man sich ausschließlich auf Leistungsvoraussetzungen in der Person des Teilnehmers. Freilich lassen sich viele andere Voraussetzungen für Leistung in Organisationen denken, die außerhalb der Manager selbst liegen. Aber sie werden in Management Audits in aller Regel nicht berücksichtigt – ein nicht unerhebliches Defizit der gängigen Praxis. Ich habe mich dazu an anderer Stelle ausführlich geäußert (vgl. Wübbelmann, 2001). Beschränken wir uns an dieser Stelle auf den üblichen Fall.

4.1 Leistung oder Potenzial?

Wenn Management Audits angekündigt werden, so geschieht dies oft mit dem Hinweis: „Es geht uns nicht um Ihre derzeitige Leistung, sondern um Ihr Potenzial." Was ist damit gemeint? In aller Regel haben diese Aussagen zwei Zielsetzungen: eine sachliche und eine emotionale. Auf der emotionalen Seite versucht man mithilfe dieser oder ähnlicher Ankündigungen, Teilnehmern Ängste zu nehmen. Man will ihnen signalisieren: „Wir sind mit dir zufrieden. Es geht nicht darum, ob du deinen Job behalten kannst. Alles worüber wir reden ist Zukunftsmusik." Die sachliche Aussage ist: Leistung und Potenzial sind unterschiedliche Dinge und die Leistung spielt im Audit keine Rolle.

Es ist nicht leicht, die Begriffe Leistung und Potenzial voneinander abzugrenzen. Der übliche Sprachgebrauch ist wohl in etwa folgendermaßen: Leistung ist das, was ich derzeit angesichts der Anforderungen, unter denen ich beruflich stehe, vollbringe: meine Ergebnisse, die Qualität meiner Arbeitsweise – in technischer wie in sozialer Hinsicht. Potenzial ist demgegenüber etwas, das ich in mir trage, aber im Moment noch nicht nutze. Also die Kraftreserven, die mich in die Lage versetzen, noch ganz andere Leistungen zu vollbringen – wenn man sie von mir verlangt. Leistung ist das, was jemand im Rahmen bestimmter, aktuell gültiger Anforderungen tut, schafft, erreicht. Potenzial ist die Summe der persönlichen Voraussetzungen dafür, was einer im Hinblick auf vorstellbare, aber derzeit noch nicht gültige Anforderungen tun, schaffen, erreichen könnte.

Nun ist allerdings zu bedenken, dass eine Leistungseinschätzung durchaus auch zur Potenzialeinschätzung herangezogen werden kann, sie hat sogar in aller Regel eine solche Doppelfunktion. Zum einen stellt sie eine Bestandsaufnahme unter aktuellen Rahmenbedingungen und Anforderungen dar, zum anderen ermöglicht sie in bestimmten Teilen auch eine Vorhersage für zukünftige Leistungen. Hinsichtlich dieser Aspekte kann die Leistungseinschätzung, die in der Regel durch Vorgesetzte vorgenommen wird, Teil des Management Audits und damit Teil der Potenzialeinschätzung sein. Sie ist dann eine Methode unter weiteren (Interview, Fallstudien etc.), die insgesamt herangezogen werden, um zu einer Potenzialeinschätzung zu gelangen. In diesem Fall ist allerdings wichtig, dass klar ist, welche der Anforderungen in bisherigen Positionen auch zukünftig wichtige Anforderungen sein werden – denn nur in diesen Aspekten taugt die Leistungseinschätzung zugleich als Basis für die Einschätzung zukünftiger Leistungen und damit zur Potenzialeinschätzung. Abbildung 4 veranschaulicht diese Logik.

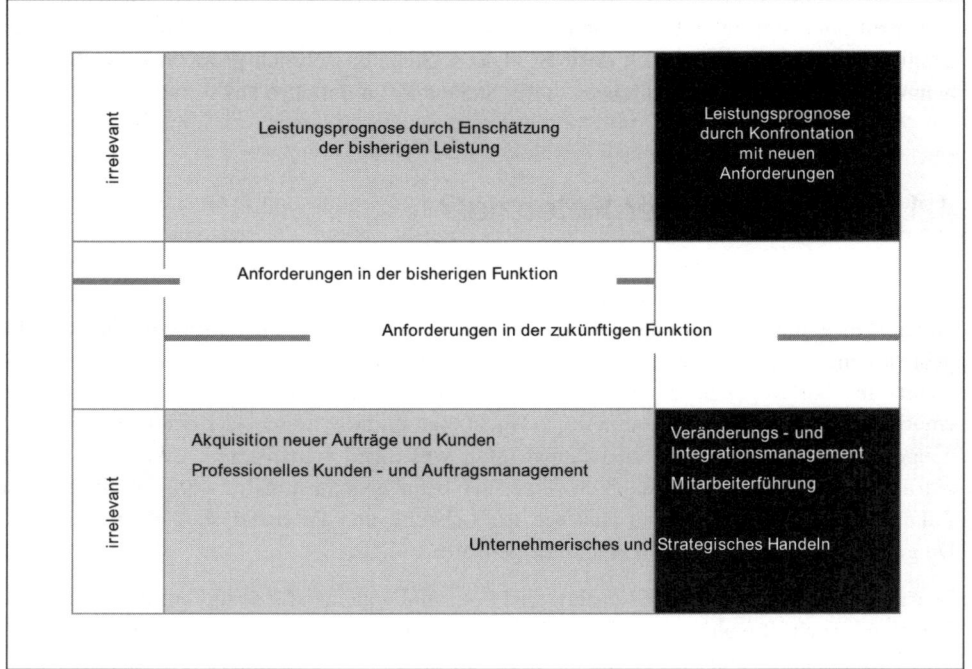

Abbildung 4:   *Leistung und Potenzial im Management Audit*

In diesem Modell wird verdeutlicht, dass sich in aller Regel Anforderungen verschieben, wenn jemand eine andere Funktion übernimmt. Dabei gibt es dann mehr oder weniger große Schnittmengen, also Anforderungen, denen er bisher gerecht werden musste und die in gleicher oder zumindest vergleichbarer Weise auch in Zukunft gelten. Dieser Bereich ist in der Grafik grau dargestellt. Angenommen, jemand wird vom Key Account Manager zum Vertriebsleiter wechseln und arbeitet in einem Unternehmen, in dem er auch als solcher noch bestimmte Kunden persönlich betreuen und bei wichtigen Kunden auch die Akquisition – zumindest in entscheidenden Phasen – selbst übernehmen wird. Dann gehört die Akquisition neuer Aufträge und Kunden sowie das professionelle Kunden- und Auftragsmanagement weiter zu seinen Aufgaben. Seine zukünftige Leistung in diesem Bereich kann also am besten aus seiner bisherigen Leistung darin vorhergesagt werden – vorausgesetzt die bisherige Leistung kann adäquat eingeschätzt werden.

Im dargestellten Modell gibt es einen Bereich von Anforderungen, der in der bisherigen Funktion zwar relevant war, in der zukünftigen aber keine Rolle spielen wird. Die Leistung eines Managers in diesem Anforderungsbereich ist also für eine Prognose irrelevant und sollte nicht beachtet werden.

Schließlich gibt es neue Anforderungen, in diesem Beispiel unter anderem Veränderungs- und Integrationsmanagement. Das könnte z. B. wichtig sein, wenn ein Wettbewerber gekauft und dessen Vertrieb in den eigenen Vertrieb integriert werden muss. Auch Mitarbeiterführung kann eine neue Anforderung sein oder bestimmte Erwartungen an das unternehmerische und vor allem strategische Denken und Handeln. Die Leistung, die jemand in diesen Bereichen zeigen wird, kann aus der bisherigen Leistung in unserem Beispiel nicht vorhergesagt werden, weil die entsprechenden Anforderungen bisher nicht bestanden. Für diese Potenzialeinschätzung müssen andere geeignete Methoden herangezogen werden.

Leistung oder Potenzial? Im Management Audit geht es immer um Potenzial, manchmal in einem sehr allgemeinen Verständnis und nicht abgestimmt auf eine bestimmte Zielposition, manchmal sehr dezidiert im Hinblick auf konkrete neue Anforderungen. Das bedeutet aber nicht, dass die bisherige Leistung uninteressant oder irrelevant ist. Sie kann unter Umständen wichtige Informationen darüber liefern, wie gut jemand in der Lage sein wird, bestimmte Dinge (auch) zukünftig zu beherrschen.

Insofern wundern sich Teilnehmer an Management Audits immer wieder nicht ganz zu Unrecht darüber, wenn der Hinweis erfolgt, es gehe nicht um die Bewertung ihrer bisherigen Leistung. Schnell erweckt das den Eindruck, als habe man sich jahrelang vergebens angestrengt, da im entscheidenden Augenblick andere Verfahren herangezogen werden, um die Weichen für die Zukunft zu stellen.

Trotz der grundsätzlichen Berechtigung und manchmal auch Notwendigkeit, zur Potenzialeinschätzung auch auf bisherige Leistungsaspekte zu schauen, gibt es eine wichtige Voraussetzung: Die bisherige Leistung muss adäquat und an den gewünschten Kriterien und Standards orientiert eingeschätzt werden. Diese Voraussetzung ist leider erfahrungsgemäß häufig nicht oder nur dürftig erfüllt. Typischerweise wird man an Einschätzungen durch Vorgesetzte denken. Abgesehen davon, dass solche Einschätzungen häufig nicht vorhanden sind, ist nicht anzunehmen, dass Vorgesetzte qua natura in der Lage sind, objektive, zuverlässige und gültige Leistungseinschätzungsdaten zu produzieren. Nicht jeder Vorgesetzte kann entsprechend differenzierte Einschätzungen abgeben und zwischen unterschiedlichen Vorgesetzten kann es erhebliche Differenzen in der Beurteilungsfähigkeit geben. Dazu kommt die Schwierigkeit, für Teilnehmer, die unterschiedliche Vorgesetzte haben, dafür zu sorgen, dass mit gleichem Maß gemessen wird. Man muss auch damit rechnen, dass Vorgesetzte Interessen haben, dass jemand gut oder weniger gut abschneidet. Manchmal gibt es alte Rechnungen zu begleichen, manchmal möchte man auf jemanden im eigenen Bereich auf keinen Fall verzichten usw. Hier tut sich also unter Umständen ein großes praktisches Problem auf, dem häufig dadurch begegnet wird, dass auf eine systematische Bewertung der bisherigen Leistung verzichtet wird.

Ein spezifischer Fall, in dem ein Management Audit eingesetzt wird, wurde bisher vernachlässigt: Die Einschätzung von Managern im Hinblick auf ihre Eignung für ihre aktuelle Position. Hier wird so mancher Leser stutzig werden. Ob jemand für seine aktuelle Position geeignet ist, sollte man im Arbeitsalltag sehen können. Dennoch kommt es vor, dass ein Management Audit durchgeführt wird, um festzustellen, welche konkreten Defizite und Entwicklungsmöglichkeiten jemand in seiner derzeitige Rolle hat. Hintergrund ist nicht selten das Bedürfnis, Managern in herausfordernden Jobs sinnvolle Unterstützungsangebote zu machen. Das Topmanagement traut einer Person die Funktion, die sie wahrnimmt, zwar zu, sieht aber die Notwendigkeit einer Unterstützung, um den Erfolg in der Position sicher zu stellen oder noch zu steigern. In dieser Situation lautet die Frage: In welchen Facetten des Jobs liegen noch Schwächen und welche Mittel sind geeignet, um diese Schwächen zu überwinden? Es ist dabei häufig so, dass man erkennt, dass jemand sich bei bestimmten Anforderungen noch schwer tut, ohne genau sagen zu können, woran es liegt, also welche konkreten Fähigkeiten oder Fertigkeiten fehlen, welche Denk- und Verhaltensmuster den Erfolg relativieren und was genau jemand anders machen müsste, um erfolgreicher zu sein. Hier muss im Management Audit eine differenzierte und tief gehende Betrachtung erfolgen, um zu den entscheidenden Punkten vorzustoßen. Dazu bedarf es einer konsequenten Bereitschaft des Teilnehmers, sich zu öffnen und sich auf entsprechend differenzierte Gespräche einzulassen. Dem steht natürlich gerade hier die Sorge vieler Teilnehmer entgegen, es gehe doch darum, im Nachhinein zu prüfen, ob sie die Richtigen für ihren jeweiligen Job sind und die Bereitschaft, offen über Defizite und Schwächen zu sprechen, ist eher gering. Für jeden Teilnehmer ist es in dieser Situation besonders wichtig, vor dem Audit ein ernsthaftes und ehrliches Gespräch mit dem eigenen Management darüber zu führen, welche Absichten tatsächlich hinter dem Audit stehen. Wer aus diesem Gespräch mit Zweifeln und begründetem Unbehagen herausgeht, wird sich verständlicherweise eher zurückhaltend äußern. Letzten Endes aber gilt hier das, was zur Frage „Muss ich teilnehmen?" bereits ausführlich dargestellt wurde: Wenn Sie zum Audit gehen, nutzen Sie die Chance, sich zu präsentieren!

4.2   Kompetenzmodelle

Alle strukturiert ausgearbeiteten Management Audits arbeiten mit Kompetenzmodellen als Bezugsrahmen für die Einschätzung. Es soll nicht einfach irgendwie ein Votum über einen Menschen abgegeben werden, sondern bestimmte Fähigkeiten und Eigenschaften sollen eingeschätzt werden. Dem entsprechend wird ein Katalog von Einschätzungskriterien erarbeitet und differenziert beschrieben. Fast immer werden dabei die fachlichen Kompetenzen eher vernachlässigt und die Aufmerksamkeit vor allem auf persönliche und soziale Kompetenzen gerichtet. Häufig werden zudem übergeordnete Aspekte der funktionalen Kompetenz oder einer grundlegenden Business-Kompetenz sowie spezifische methodische Kompetenzen Bestandteil des Kompetenzprofils sein.

Es soll hier keine fachliche Diskussion darüber geführt werden, ob solche eigenschaftsorientierten Kompetenzmodelle sinnvoll sind (vgl. dazu Wottawa, 2005). Sie sind es vermutlich nur eingeschränkt – aber sie werden eingesetzt, und daher ist es für Teilnehmer am Audit hilfreich, etwas darüber zu erfahren.

Es gibt eine ganze Reihe von unterschiedlichen Kriterien, die der Einschätzung von Managern dienen und von denen einige zu den Klassikern im Rahmen von Potenzialeinschätzungsverfahren gehören. Andere werden sehr speziell für einen bestimmten Kontext erarbeitet. In der Regel wird die Liste der in einem Audit zu prüfenden Kriterien strukturiert, indem man sie zu Kriteriengruppen klassifiziert. Eine sehr häufig verwendete Klassifizierung von Kriterien ist die in persönliche, soziale, und Business-Kompetenzen, eine andere ist die in übergreifende, aufgabenbezogene und menschenbezogene Kriterien (vgl. Wübbelmann, 2001, S. 132). Die fachlichen Kompetenzaspekte nehmen manchmal einen eigenen Block ein, werden häufig unter die Business-Kompetenzen bzw. die aufgabenbezogenen Aspekte subsumiert oder eben ganz aus dem Verfahren herausgelassen. Gelegentlich findet man auch Führungskompetenzen als eigenen Block, häufig wird aber eher davon ausgegangen, dass sich die Fähigkeiten zur Mitarbeiterführung aus Aspekten der persönlichen und sozialen Kompetenz ergeben.

Im Folgenden werden typische Kompetenzen aufgeführt, die im Rahmen von Management Audits bewertet werden. Die Fülle der genannten Kriterien macht schon deutlich, dass man nicht alle aufgeführten Kompetenzen im Rahmen eines Audits findet, sicherlich werden auch Kriterien bewertet, die in diesem Beispiel nicht genannt sind. Die Kriterien werden in alphabetischer Reihenfolge vorgestellt. Sie werden kurz erläutert, wie es typischerweise für Potenzialeinschätzungsverfahren geschieht. Die Beschreibungen haben selbstverständlich ebenfalls nur beispielhaften Charakter. In der Regel entwickeln die Verantwortlichen für das jeweilige Audit spezifische Kriterien und Erläuterungen.

4.2.1 Persönliche Kompetenzen

■ *Entscheidungsfähigkeit:*
Kenntnis der wichtigsten Entscheidungsaufgaben in der angestrebten Funktion sowie der Entscheidungskriterien, systematische Identifikation relevanter Aspekte zur Entscheidungsfindung, Entscheiden auch unter Unsicherheit, Durchhalten von Entscheidungen, Stehen zu den einmal getroffenen Entscheidungen, auch gegen Widerstand.

■ *Flexibilität:*
Anpassung an unterschiedliche Situationen und Gegebenheiten, schnelle Reaktion auf sich ändernde Rahmenbedingungen, jeweils angemessener Umgang mit unterschiedlichen Gesprächspartnern, überzeugendes Agieren in unterschiedlichen Rollen.

■ *Frustrationstoleranz/Durchhaltevermögen:*
Konstruktiver Umgang mit Misserfolgen, Lernen aus negativen Erfahrungen, Fähigkeit, die positiven Aspekte herauszustellen und sich an ihnen zu orientieren, über negative Erfahrungen schnell hinwegkommen, Neues suchen, nicht lange grübeln.

■ *Gewissenhaftigkeit:*
Zuverlässige Arbeitsweise, Genauigkeit und Gründlichkeit in der Erledigung von Aufgaben, Orientierung des Verhaltens an Werten, Normen und Regeln, Anerkennung der eigenen Verantwortung und sorgfältige Umsetzung, Einhalten von Zusagen und Versprechen.

■ *Glaubwürdigkeit:*
Ausstrahlung von Ehrlichkeit, Stehen zu Schwächen und Fehlern, klare Botschaften, direkter Kontakt, persönliche und individuelle Reaktion auf Fragen und kritische Einwände, Übereinstimmung von Wort und Tat, Belegen von Behauptungen durch Beispiele.

■ *Initiative/Engagement:*
Dynamisches Auftreten, Situationen und Aufgaben in die Hand nehmen, Fragen stellen, Klärung herbeiführen, Interesse vermitteln, Ideen entwickeln, Vorangehen, Einsatz zeigen.

■ *Kreativität:*
Offenheit für und Interesse an unterschiedlichen Denkmodellen, Unabhängigkeit von Routinen und Gewohnheiten, Ideenreichtum, Lust an ungewohnten, neuen Vorgehensweisen, Spaß am Ausprobieren.

■ *Lernen:*
Eher langfristige Bereitschaft und Fähigkeit zur Anpassung der eigenen Denk- und Verhaltensmuster, Reflektieren von Erfahrungen und Erarbeiten von Schlussfolgerungen für zukünftiges Vorgehen, Bemühen um Wissensentwicklung, aktive Weiterbildung.

■ *Loyalität (dem Unternehmen gegenüber):*
Vermittlung von Identifikation mit dem Unternehmen und der Aufgabe, Erkennen von Unternehmensinteressen, Vertreten von Werten und Leitbildern des Unternehmens in herausfordernden Situationen.

■ *Persönliche Ausstrahlung (Charisma):*
Vermittlung von Authentizität und innerer Festigkeit, Offenheit und Fähigkeit zur Selbstreflexion sowie überzeugendes Differenzierungsvermögen, Fähigkeit, für sich einzunehmen, Zustimmung und/oder Begeisterung auszulösen.

■ *Persönliche Autorität:*
Souveränes Auftreten, Klarheit und Entschiedenheit in der eigenen Position, Vermittlung persönlicher Werte und Leitbilder, Ausstrahlung von Kompetenz.

■ *Positive Grundhaltung:*
Glaube an die eigenen Fähigkeiten und Möglichkeiten, Gelassenheit im Umgang mit Anforderungen und Schwierigkeiten, Ruhe und Sicherheit auch in schwierigen Situationen.

- *Stressresistenz:*
  Fähigkeit, auch in sehr belastenden Situationen ruhig zu bleiben und den Überblick zu behalten, Handlungsfähigkeit auch unter vielfältigen Anforderungen und hohem Druck, Beherrschen von Techniken der Selbstberuhigung und Selbststeuerung.

- *Strukturierungsvermögen:*
  Systematische Identifikation relevanter Aspekte, angemessene Bewertung und Priorisierung, Herausarbeiten der entscheidenden Punkte, Differenzierung von Rahmenbedingungen, Einschätzungen und Schlussfolgerungen, klare Gliederung und konsequenter Aufbau von Präsentationen oder Gesprächen.

- *Umgang mit Ambiguität und Komplexität:*
  Erkennen von Mehrdeutigkeit und/oder Widersprüchlichkeit von Informationen bzw. Betrachtungsperspektiven, Erzeugen von Handlungsfähigkeit durch systematische Reduktion der eigenen Unsicherheit (Klärung) und Akzeptieren von Restrisiken, Entwickeln von pragmatischen Bewertungs- und Entscheidungsheuristiken.

- *Unabhängigkeit:*
  Klare Standpunkte und dezidierte Meinungen, Meinungssicherheit auch bei Anfragen und Widerspruch, Beharrlichkeit im Vertreten des als richtig erkannten Wegs, ruhige innere Reflexion und Abwägung von Argumenten und Positionen auch unter Entscheidungs- oder Handlungsdruck.

- *Verbindlichkeit:*
  Entschlossenes, klares und in den Aussagen eindeutiges Auftreten, Vermittlung von Ernsthaftigkeit, Höflichkeit, Freundlichkeit und Entgegenkommen, Anderen ernsthaftes Interesse an ihnen vermitteln, Erarbeiten klarer Ergebnisse in Gesprächen, Meetings oder Verhandlungen, Festhalten von Ergebnissen und ggf. nächsten Schritten.

- *Ziel- und Ergebnisorientierung:*
  Klare Leistungsansprüche, Erarbeitung und Vereinbarung herausfordernder Ziele und Verpflichtung zum Erreichen dieser Ziele, beharrliches Verfolgen von Zielen und Ergebnissen, Entschiedenheit und Kompetenz in der Vermittlung von Zielen und Ergebniserwartungen.

4.2.2 Soziale Kompetenzen

- *Argumentation:*
  Präzise und hilfreiche Fragen, um Sachverhalt und Problemverständnis zu klären, systematische Analyse möglicher Ursachen, Ausschlussverfahren, um Ursachen zu finden, Aufnehmen, Hinterfragen, ggf. Akzeptieren oder auch Ausräumen von Gegenargumenten, stringente Herleitung von Lösungen aus der Diskussion.

- *Beziehungsmanagement:*
  Positive Grundhaltung Anderen gegenüber, auch in schwierigen Situationen, Interesse an langfristig erfolgreicher Zusammenarbeit, Bereitschaft zu Entgegenkommen und offenes

Vertreten eigener Interessen, Anerkennen der berechtigten Interessen von Geschäftspartnern, Kollegen und Mitarbeitern.

■ *Durchsetzungsfähigkeit:*
Forsches Auftreten, hartnäckiges Verhandeln, spontane Bereitschaft zur Auseinandersetzung, deutlich erkennbarer Wille, Dinge im eigenen Sinn voranzubringen und Widerstand zu überwinden, Kämpfen um die Zustimmung Anderer, nachhaltiges Festhalten von Vereinbarungen und Ergebnissen.

■ *Kommunikation:*
Klarheit und inhaltliche Logik der Ausführungen, kompetente Steuerung von Gesprächen, Eingehen auf Störungen und Zuspitzungen im Gespräch, beruhigende und klärende Gesprächsanteile sowie fordernde und auf eine Lösung zielende Gesprächsanteile, angemessene, das Gesagte unterstützende Gestik und Mimik, geschliffene Rhetorik, Verständnis für die Erfolgsfaktoren in Kommunikation und Information.

■ *Konfliktfähigkeit:*
Verständnis für unterschiedliche Konflikte und ihre Dynamiken, Erfahrung und Kompetenz im Umgang mit persönlichen Konflikten sowie als Konfliktmoderator, Lösungsorientierung und Lösungskompetenz bei Konflikten, methodische Fähigkeiten und Erfahrungen im Umgang mit kritischen Konfliktsituationen, Entwicklung einer positiven Atmosphäre zur Klärung von Konflikten, offener und am Anderen interessierter Austausch, klares und offenes Ansprechen kritischer Aspekte, Erarbeiten konkreter Perspektiven für das weitere Vorgehen.

■ *Kontaktfähigkeit:*
Direktes Zugehen auf Andere, offene Ausstrahlung, freundlicher, gewinnender Ton, angemessener Blickkontakt, positive, bestätigende Gesten, natürliches Auftreten, nicht zu formal, Finden von Anknüpfungspunkten und spontaner Zugang zu Gesprächspartnern.

■ *Kooperation:*
Identifikation und Formulierung gemeinsamer Interessen und Ziele, Andere in ihren Aufgaben und Anliegen unterstützen, Angebote machen, konkrete und hilfreiche Vorschläge machen, Win-win-Situationen herstellen.

■ *Kritikfähigkeit:*
Offenheit für Feedback und Kritik an der eigenen Person, konstruktive Vermittlung kritischen Feedbacks an Andere, Klarheit und Differenzierung in der Identifikation und Benennung kritischer Punkte, Entwicklung von Vorschlägen für Veränderungen.

■ *Soziale Sensibilität (Einfühlungsvermögen):*
Aufmerksamkeit für Andere, Fähigkeit zum Perspektivenwechsel, sich in Andere hineinversetzen, Aufnehmen von Spannungen und Emotionen, Erfassen von Vorbehalten, Andeutungen und kritischen Signalen von Gesprächspartnern, interessiert Zuhören, Nachfragen, um ein richtiges Verständnis sicherzustellen, Eingehen auf Untertöne und Nebenbemerkungen.

■ *Überzeugungsfähigkeit:*
Argumentationsgeschick und Schlagfertigkeit, Identifikation, Klärung und Bereinigung von Vorbehalten Anderer, Angemessenheit der Einschätzungen und Maßnahmen, Einbringen von Lösungsvorschlägen und Angeboten, die Gesprächspartnern die Zustimmung erleichtern, Verbindlichkeit in eigenen Beiträgen und Leistungszusagen.

4.2.3 Führungskompetenzen

Führungskompetenz ergibt sich zu weiten Teilen aus vielen der aufgelisteten persönlichen und sozialen Kompetenzen. Lediglich bestimmte, sehr spezifische Aspekte gehen darüber hinaus und sollten separat beschrieben und eingeschätzt werden.

■ *Beurteilungskompetenz/Einschätzungsvermögen:*
Ausgeprägtes Differenzierungsvermögen zwischen unterschiedlichen Aspekten der Leistung und des Verhaltens, Erkennen und Unterscheiden von Ursachen für Leistungsstärken und Leistungsdefizite, Reflexion der eigenen Beurteilungskriterien und Maßstäbe, Orientierung an Vorgaben des Unternehmens für die Beurteilung von Mitarbeitern, Bereitschaft und Fähigkeit zu nachvollziehbarer Einschätzung.

■ *Motivationsfähigkeit:*
Erkennen der Wichtigkeit der Vorbildwirkung als Motivator, Wissen um wichtige Motivationsstrategien, Vermittlung anspornender Leitbilder und Perspektiven, Aufbau einer ermutigenden und Vertrauen schaffenden persönlichen Beziehung, Initiierung konkreter Handlungen und Aufbau einer festen Leistungsbereitschaft bei Mitarbeitern.

■ *Delegation:*
Übergabe eindeutiger, überschaubarer und leistbarer Aufgaben, Übertragung der Verantwortung für Ergebnisse, Pläne und Vorgehensweisen, ausreichende Ermächtigung durch die Überlassung der erforderlichen Ressourcen und Befugnisse.

■ *Kontrolle:*
Bewusstsein der eigenen Verantwortung für das Erreichen von Zielen und Ergebnissen, Verabredung angemessener Schritte und Termine zur Überprüfung von Ergebnissen, konsequente, systematische Besprechung von Ergebnissen mit Mitarbeitern, Herausarbeiten der Stärken und Schwächen in den Ergebnissen und Entwicklung weiterer Maßnahmen.

■ *Personalentwicklung:*
Verständnis für die eigene Rolle in der Entwicklung der Mitarbeiter, aktive Wahrnehmung dieser Rolle, klare Vorstellung von Potenzialidentifikation und -entwicklung, geradlinige, strukturierte Umsetzung von Personalentwicklungsbedarf in konkrete Maßnahmen bzw. Programme.

4.2.4   Business-Kompetenzen

■ *Akquisitionsstärke:*
Wissen um die angemessenen und erfolgreichen Wege der Akquisition, erkennbarer Wille,
den Auftrag zu sichern, inhaltlich differenzierte und in der Vermittlung einnehmende Argumentation, Verantwortungsübernahme und Biss für die Auftragsakquisition.

■ *Dienstleistungs-/Kundenorientierung:*
Vermittlung eines klaren Serviceverständnisses im Hinblick auf die eigene Organisation,
intensive Auseinandersetzung mit der Situation und den Interessen von Kunden/Partnern,
intensive Kenntnis der wichtigsten Kunden/Partner, ihrer Ziele und Prioritäten sowie ihrer
Anforderungen und Wünsche, Erkennen von Optimierungsmöglichkeiten im Umgang mit
Kunden/Partnern, Engagement für entsprechende Veränderungen, Entwicklung konstruktiver Lösungen im Sinne der Kunden/Partner und ihrer Interessen, Bereitschaft zum persönlichen Einsatz für die Bindung wichtiger Kunden/Partner, angemessene Abwägung
zwischen Kundenservice und eigenen Geschäftsinteressen.

■ *Innovations-/Veränderungsbereitschaft:*
Blick und Interesse für Trends und Entwicklungen, kritischer Umgang mit Bestehendem
und Routinen, Bereitschaft zu unkonventionellen Lösungen, angemessene Risikobereitschaft.

■ *Planung und Ressourcenmanagement:*
Erkennen und Beachten der wesentlichen Ziele und Rahmenbedingungen für die Entwicklung von Meilensteinen und die Aufeinanderfolge von Maßnahmen, Entwicklung eines
klaren Bildes, auf welchem Wege welche Ergebnisse erreicht werden sollen, Integration
von Einzelmaßnahmen zu einem sinnvollen Gesamtvorgehen, systematische Betrachtung
und Bewertung der eingesetzten Ressourcen und deren Optimierung.

■ *Prozessmanagement:*
Ausgeprägtes Verständnis für den Zusammenhang und die notwendige Abfolge von
Schritten, Erkennen der notwendigen Prozesse zur Umsetzung der Unternehmensstrategie
im eigenen Bereich und deren aktive Gestaltung, kontinuierliche Begleitung, Bewertung
und Steuerung der wichtigsten Abläufe, intensive Einbeziehung der operativen Prozess-
verantwortlichen in die Gestaltung und Steuerung, rasches und entschiedenes Eingreifen
bei Fehlentwicklungen sowie anschließende Klärung zur Verbesserung.

■ *Strategisches Denken und Handeln:*
Schnelles Erfassen von Zusammenhängen, Kenntnis von Märkten, insbesondere Kunden
und Wettbewerbern, ausgeprägtes Interesse an Gesamtzusammenhängen im Unternehmen,
Entwicklung klarer übergeordneter Ziele und der grundsätzlichen Wege zu ihrer Erreichung, Erkennen und Aufzeigen der grundlegenden Dynamik und Entwicklungstendenz
der wichtigen Determinanten für die Unternehmens- bzw. Bereichsentwicklung.

■ *Unternehmerisches Denken und Handeln:*
Setzen von Prioritäten im Sinne des Unternehmens, Kreativität und Innovation im Hinblick auf Strukturen und Prozesse, ergebnisorientierte und auf Kennzahlen gestützte Steuerung des eigenen Verantwortungsbereichs, systematische Betrachtung und Bewertung eingesetzter Ressourcen und deren Optimierung, Verantwortungsübernahme und Entscheidung, Entwicklung eines klaren Bildes, auf welchem Wege welche Ergebnisse erreicht werden sollen, Risikobereitschaft.

■ *Veränderungsmanagement:*
Erkennen der wesentlichen harten und weichen Erfolgsfaktoren in Veränderungsprozessen, klare Ziele und Fokussierung, aktive und engagierte eigene Führungsrolle, angemessener Umgang mit zu erwartenden Hindernissen und Widerständen.

5.   Wer ist an der Durchführung beteiligt?

Es gibt im Hinblick auf die beteiligten Personen im Wesentlichen zwei Varianten von Management Audits. In Variante 1 führt das externe Beratungsunternehmen das Audit ohne Beteiligung von Einschätzern aus dem Unternehmen des Auftraggebers durch, in Variante 2 wird das Audit gemeinsam durchgeführt.

Wenn ein Audit durch das externe Beratungsunternehmen allein durchgeführt wird, erfolgt in der Regel eine Einladung in dessen Büro oder an einen neutralen Ort, z. B. ein Konferenzhotel. Typischerweise werden zwei Berater anwesend sein, da wichtige Qualitätsaspekte sichergestellt werden müssen. Zum einen ist ein einzelner Berater, auch wenn er bereits viele Audits durchgeführt hat, nicht davor gefeit, subjektiv zu bewerten, bestimmte Wahrnehmungs- und Interpretationsmuster zu bevorzugen oder einem Kandidaten gegenüber Sympathie bzw. Antipathie zu entwickeln. Die Diskussion und Abstimmung mit einem Kollegen trägt in der Regel zu deutlicher Objektivierung und größerer Neutralität bei. Darüber hinaus verlangen bestimmte Methoden nach zwei durchführenden Personen. Die Simulation typischer Situationen, wie beispielsweise Verhandlungs- oder Führungssituationen, bindet eine Person als Rollenspieler. Dadurch ist ihr die Einschätzung des Verhaltens nicht mehr so unabhängig und differenziert möglich, wie sie es aus der reinen Beobachtung heraus wäre. Hier ist ein zweiter durchführender Berater als beobachtender Einschätzer erforderlich. Viele Audits sehen zwar nach wie vor von Simulationen als Bestandteil des Verfahrens ab, aber grundsätzlich gilt dieselbe Logik für ein Interview oder eine Präsentation. In beiden Fällen schafft das Mehr-Augen-Prinzip die vom Audit verlangte Neutralität und Objektivität. Dem entsprechend setzen Beratungsunternehmen häufig zwei Berater ein. Wenn dem nicht so sein sollte, führt das nicht zwingend zu Qualitätseinbußen. Nur weil zwei Personen ein Audit durchführen, kommen nicht zwangsläufig brauchbare und angemessene Einschätzungen zustande. Ebenso wenig bleiben diese zwingend aus, wenn nur ein Berater das Audit allein durchführt. Wenn er mit großer Objektivität, ausgeprägtem Wahrnehmungsvermögen und guten Beurteilungsfähigkeiten gesegnet ist, kann auch seine individuelle Einschätzung hochwertig sein. Als Faustregel kann aber sicher gelten, dass ein professionelles Audit, das rein extern durchgeführt wird, Einschätzungen von zwei Beratern beinhaltet. Dabei ist auch vorstellbar, dass zwei Berater nacheinander mit demselben Kandidaten ein Interview führen und sich später über ihre Eindrücke abstimmen.

Es kommt immer wieder vor, dass Auftraggeber, wenn sie ein Audit veranlassen, durchaus eine Meinung zu Leistung und/oder Potenzial der Teilnehmer haben, aber aus bestimmten Gründen (vgl. 1. Wozu ein Management Audit?) trotzdem eine externe Einschätzung einholen möchten. Wenn das Audit rein extern durchgeführt wird, kann der Fall eintreten, dass die Einschätzung der Auditoren zu einem oder mehreren Kandidaten der bestehenden Meinung des Auftraggebers nicht entspricht, oder ihr sogar widerspricht. In diesem Fall hat der Auftraggeber die Wahl, wem er Glauben schenkt. Um diese Situation zu vermeiden und damit der Auftraggeber selbst bzw. von ihm benannte Personen, einen unmittelbaren Eindruck von den Kandidaten im Audit gewinnen können, wird die zweite Variante der Durchführung gewählt, in der Berater und Unternehmensvertreter gemeinsam die Einschätzung im Audit vornehmen.

Bei dieser Durchführungsform sind häufig neben dem externen Berater ein Vertreter des oberen Managements sowie ein Vertreter des Personalbereichs anwesend. Der Berater stellt in der Regel die Methoden zur Verfügung und übernimmt die Moderation der Veranstaltung. Er führt zumeist auch das Interview, an dem die Einschätzer aus dem Unternehmen häufig nur zuhörend teilnehmen. Für den Kandidaten ist diese Variante häufig angenehmer, weil er sich auf einen Gesprächspartner konzentrieren kann. Außerdem erfolgt die Interviewführung stringenter und zielorientierter, als wenn mehrere Personen mit unterschiedlichen Interessen und Schwerpunkten Fragen stellen. Typischerweise werden sich die Einschätzer nach der Durchführung eines Interviews, einer Präsentation oder anderer Verfahrensbestandteile über ihre Wahrnehmungen und Beurteilungen austauschen und sich auf eine gemeinsame Einschätzung einigen. Bei guter Planung des Audits wird man es vermeiden, dass sich unter den durchführenden Personen Menschen befinden, mit denen der Teilnehmer einen engeren persönlichen Kontakt hat. Sollte es dennoch dazu kommen, ist es für den Teilnehmer am Audit-Termin meist zu spät, um daran etwas ändern zu können. Es ist durchaus sinnvoll, sich vorab über das Einschätzerteam zu erkundigen, um gegebenenfalls noch Einfluss nehmen zu können.

Im Rahmen von Management Audits werden auch Referenzen oder Feedback von dritten Personen eingeholt (360-Grad-Feedback, Peer-Feedback). Damit erweitert sich der Kreis der am Audit beteiligten Personen natürlich erheblich – auch wenn diese Personen nicht persönlich während des Einschätzungsverfahrens präsent sind. Es geht dabei darum, die Interpretationen und Einschätzungen, die in einem punktuellen Verfahren getroffen werden, mit Meinungen abzugleichen, die aus einer längerfristigen Kenntnis der jeweiligen Kandidaten stammen. Es sollen Meinungen von Personen eingeholt werden, die die einzuschätzende Person über längere Zeit im Alltag erlebt und kennen gelernt haben. Die Bewertung der Experten wird durch Perspektiven aus dem Alltag erweitert.

Die einschlägigen Methoden unterscheiden sich vor allem im Hinblick darauf, wer befragt wird, mit welcher Methode dies geschieht und wie die erhobenen Daten verarbeitet und für eine Ergebniserstellung und -dokumentation verwendet werden.

Gerhardt & Ritter (2004; vgl. auch oben 2.6) betonen den ergänzenden und eher zweitrangigen Charakter dieser Information, was angesichts der bereits im Kapitel „Grundlagen" angesprochenen Überlegungen zur Zuverlässigkeit solcher Daten durchaus angemessen erscheint. In anderen Vorgehensmodellen werden weitere Personen einbezogen, die Befragung erfolgt sehr standardisiert und kann auch schriftlich, per Fragebogen oder Internet durchgeführt werden. Ein solches Vorgehen ist typisch für das 360-Grad-Feedback, bei dem neben dem Vorgesetzten auch Kollegen, Mitarbeiter und gelegentlich auch externe Ansprechpartner befragt werden. 360-Grad-Feedbacks werden in der Regel mit Hilfe eines Fragebogens eingeholt, inzwischen sehr häufig über das Internet (vgl. zur Methode des 360-Grad-Feedbacks u. a. Scherm & Sarges, 2002).

An manchen Management Audits nimmt auch der Betriebsrat teil. Es ist durchaus nicht so, dass Management Audits, wie der Name vielleicht suggeriert, immer außerhalb der Mitbestimmungsrechte des Betriebsrats liegen. Das kann so sein, ist aber meistens nicht der Fall. Die meisten Management Audits haben einen Personenkreis als Zielgruppe, der nicht als Leitende Angestellte im Sinne des Betriebsverfassungsgesetzes gelten kann. Daher hat der Betriebsrat eine unbeschränkte Zuständigkeit in dem vom Gesetzgeber vorgesehenen Rahmen. Viele Unternehmen bieten im Rahmen der Beteiligung des Betriebsrats an der Verfahrensgestaltung und -durchführung auch an, so genannte „stille Beobachter" zu benennen, die nicht aktiv teilnehmen, insbesondere keine Einschätzungen zu den Kandidaten abgeben, sondern lediglich die Durchführung des Verfahrens im Hinblick auf Qualitätsstandards beobachten. Als Kandidat wird man in der Regel vorher darüber informiert, wenn der Betriebsrat teilnimmt, vielfach auch um das Einverständnis dazu gefragt.

6. Was erwartet man von mir?

Es geht hier nicht um die Frage nach inhaltlichen, fachlichen oder Ergebniserwartungen, die an Teilnehmer an einem Management Audit gerichtet werden. Die werden in der Regel jeweils unterschiedlich ausgewählt und definiert und finden sich dann in den Einschätzungskriterien wieder (s. Punkt 4 in diesem Kapitel). Hier geht es um grundsätzliche Faktoren, deren hohe Ausprägung man sich bei Kandidaten im Audit wünscht.

6.1   Positive Grundhaltung

Diejenigen, die ein Management Audit durchführen, seien sie externe Berater oder interne Verantwortliche, betrachten dies als ihre Aufgabe, ihren Job, als etwas für sie selbstverständliches. Da sie zudem dabei in aller Regel davon überzeugt sind, nichts Unanständiges, Unangemessenes oder Böswilliges zu unternehmen, wenn sie Kandidaten in Management Audits interviewen oder – wie Teilnehmer gern formulieren – „Spielchen" mit ihnen machen, erwarten sie von den Teilnehmern eine positive Grundhaltung ihnen und der Veranstaltung gegenüber. Insbesondere dann, wenn es aus unternehmerischer Sicht gute Gründe gibt, ein Audit durchzuführen, nämlich um wichtige Entscheidungen zu fällen und die Entwicklung im Management voranzutreiben, werden die Durchführenden mit einem sehr positiven Selbstbild, viel Engagement und vielleicht sogar etwas Idealismus an die Sache herangehen. Diesem Selbstbild entsprechend werden sie erwarten, dass auch die Kandidaten den Sinn und den Nutzen des Audits erkennen und sich trotz persönlicher Betroffenheit, Unruhe oder Angst zu einer positiven Haltung durchringen.

Aber auch aus anderen Gründen ergibt sich die Erwartung an Teilnehmer, mit einer positiven Grundhaltung in ein Audit zu gehen. Die wichtigste Überlegung ist dabei, dass man in aller Regel erfahrene, reife und gestandene Führungskräfte zu einem solchen Verfahren bittet. Von ihnen erwartet man einen professionellen Umgang auch mit den eigenen Empfindungen. Man erwartet eine ernsthafte und erwachsene Auseinandersetzung mit dem Thema, erwartet eine realistische Einschätzung der Situation und der vorhandenen Spielräume in dieser Situation und die Fähigkeit, das Beste daraus zu machen. Auch von demjenigen, der zu der Einschätzung kommt, ein Management Audit sei entweder grundsätzlich oder in der spezifischen Situation oder aber speziell für ihn selbst ein ungeeignetes, inadäquates Instrument der Potenzialeinschätzung, wird erwartet, dass er erkennt, dass seine Meinung im konkreten Zusammenhang nicht ausschlaggebend ist. Er sollte respektieren, dass das Management des Unternehmens eine Entscheidung gefällt hat, die er akzeptieren muss. (vgl. dazu auch die Anmerkungen zu Punkt 2 in diesem Kapitel).

Aber auch unabhängig von der Erwartungshaltung derjenigen, die das Audit durchführen, ist aller Erfahrung nach die innere Haltung dem Verfahren gegenüber von ganz entscheidender Bedeutung für den Verlauf und auch das Ergebnis eines Management Audits. Es ist hier nicht anders als in allen anderen Lebensbereichen: Das Denken bestimmt das Gefühl, die Motivation und das Verhalten. Es kostet vielleicht im Einzelfall Überwindung, das Positive in der Aufforderung zu erkennen, an einem Audit teilzunehmen. Aber es gibt solche positiven Aspekte und es lohnt sich, nach ihnen zu suchen. Hier die wichtigsten nur als Stichworte:

■ Das Management Audit ist eine Chance, sich zu präsentieren und zu zeigen, was man kann und sich ggf. auch für Positionen und/oder Entwicklungen zu empfehlen, die bisher nicht zur Diskussion standen.

■ Man kann über die subjektive Sicht des eigenen Vorgesetzten hinaus die Meinung über sich selbst im Unternehmen beeinflussen.

■ Man bekommt die Gelegenheit, im Austausch mit Experten Selbst- und Fremdbild zu reflektieren und die eigene Wirkung besser kennen zu lernen.

■ Man erhält eine systematische und häufig tiefer gehende Einschätzung zu den eigenen Stärken und Entwicklungsfeldern und kann gezielt an sich arbeiten.

Hinzu kommt ein ganz wichtiger weiterer Punkt. Auch Einschätzer in einem Management Audit sind bei aller Professionalität und Seriosität nur Menschen. Das gilt sogar für die gemeinhin als abgebrüht und gefühlskalt verschrienen externen Berater. Es hat eine Wirkung auf sie, mit welcher Grundhaltung jemand ihnen gegenübertritt. Eine negative, ablehnende Attitüde wird sich mitteilen und sie wird immer auch das persönliche Verhältnis zwischen Auditierenden und Auditiertem belasten. Anders herum gilt dasselbe für eine positive Grundstimmung, die ein Teilnehmer seinen Gesprächspartnern entgegenbringt. Sicherlich werden professionelle Einschätzer der Stimmung im Raum und der persönlichen Wirkung eines Teilnehmers nicht zuviel Gewicht zukommen lassen. Sie werden sich darum bemühen, mit jedem gleichermaßen konstruktiv und professionell umzugehen. Aber es wäre naiv zu glauben, dass das hundertprozentig funktioniert. Viel bedeutsamer ist natürlich noch, dass häufig die persönliche Wirkung und die Fähigkeit, auch in schwierigen Situationen Kontakt aufzubauen und Kommunikation positiv zu gestalten sowie sich darzustellen zu den Aspekten gehören, die im Audit eingeschätzt werden (vgl. dazu die Kriterienliste in Punkt 4 dieses Kapitels)! Deshalb werden Einschätzer berechtigterweise genau darauf achten, wie sich ein Teilnehmer ihnen gegenüber verhält und ob er in der Lage ist, in der Situation eine positive Grundstimmung zu schaffen.

6.2 Kontaktbereitschaft und Offenheit

Ein Management Audit ist eine soziale Situation. Als daran Beteiligter kann man mehr oder weniger kontaktfreudig oder abwartend auftreten. Vielfach werden Teilnehmer sich primär in der Rolle desjenigen sehen, der durch die Situation geführt wird und dementsprechend eher auf Signale, Hinweise, Informationen, Instruktionen etc. warten, die ihnen deutlich machen, was sie tun und wie sie sich verhalten sollen. Die Kunst des richtigen Auftretens im Audit besteht darin, dieser Rolle zwar gerecht zu werden, sich aber trotzdem nicht zu passiv zu verhalten. Denn wie gesagt gehören gerade Kontaktbereitschaft, Kontaktfähigkeit und Offenheit im Umgang mit Anderen sehr häufig zu wichtigen Kriterien der Einschätzung. Und gerade sie teilen sich nicht nur im Rahmen definierter Testsituationen wie Interviews, Präsentationen oder Simulationen mit, sondern von der ersten Begegnung bis zur Verabschiedung. Selbst wenn sie nicht im Kriterienkatalog stehen, werden sie als wichtige moderierende Variablen erheblichen Einfluss auf die Gesamtwirkung und -einschätzung haben.

An ein paar konkreten Beispielen soll verdeutlicht werden, welche Möglichkeiten sich Teilnehmern bieten, diese wichtigen Verhaltensaspekte angemessen zu berücksichtigen, ohne aus der Rolle des Teilnehmers zu fallen und zu forsch bzw. zu wenig sensibel für die Situation zu wirken:

- In informellen Situationen wie vor Beginn, in den Pausen und nach Abschluss der Veranstaltung bewusst Kontakt aufnehmen; dabei auf Signale achten, ob die Gesprächspartner ausreichend Zeit und Ruhe für Gespräche haben.

- Auf Fragen im Interview offen und interessiert reagieren, Gesprächsbereitschaft deutlich machen, Antworten möglichst vollständig geben, um wenig Nachfragebedarf zu provozieren.

- Den Interviewer auch aktiv ansprechen, Gelegenheiten für auflockernde Bemerkungen nutzen (nicht zu intensiv, dafür möglichst pointiert!).

- Den Kontakt auch zu den unter Umständen eher zurückgezogen wirkenden Einschätzern suchen, sie ggf. vor und nach einzelnen Einschätzungssituationen ansprechen, ohne sie in ihrer Rolle zu behindern. Allerdings ist es hier wichtig, zu respektieren, wenn Einschätzer sich eher zurückhaltend und wenig kontaktfreudig zeigen.

- Im Rahmen des Interviews offen und unverkrampft auch über eigene Fehler und Schwächen sprechen; Bereitschaft zur kritischen Selbstreflexion im Gespräch deutlich machen; dabei unbedingt die Nennung von stereotypen Schwächen wie „Ungeduld" oder „Perfektionismus" vermeiden!

- Insbesondere im Rahmen von Präsentationen die Zuhörer sehr aufmerksam im Blick haben, sie zwischendurch direkt ansprechen und sich nach Verständnis bzw. Fragen erkundigen (nicht zu oft!), sie zu Beginn begrüßen, ggf. auch namentlich, und zum Vortrag einladen, sich am Ende bei ihnen für die Aufmerksamkeit bedanken etc.

Diese Punkte können nur Anregungen vermitteln, sie sind kein Rezept für die Vermittlung von Kontaktbereitschaft und Offenheit. Wichtiger ist es, sich vor der Veranstaltung innerlich darauf einzustellen, Kontakt zu den anwesenden Personen herstellen zu *wollen* und offen sein zu *wollen*. In der Situation wird man den richtigen Weg finden, um diese Ziele auch zu erreichen.

6.3 Authentizität

„Seien Sie einfach Sie selbst!" ist der vermutlich meist gegebene Ratschlag an Teilnehmer vor der Durchführung eines Audits. Ist einem damit wirklich geholfen? Man hat den Eindruck, wird man doch darauf hingewiesen, dass man alles in sich hat, was man braucht. Was aber, wenn mein Gefühl mir sagt, dass genau mit diesem Ratschlag mein Untergang besiegelt wird?! Weil ich eben nicht glaube, alles in mir und in der Situation parat zu haben, was ich brauche, um den gewünschten guten Eindruck zu hinterlassen.

Aus Sicht der Auftraggeber ist es wünschenswert, wenn Teilnehmer nicht versuchen, ein bestimmtes Bild von sich zu vermitteln, sondern durch ihre Aussagen und ihr Verhalten eine ehrliche Darstellung ihrer Persönlichkeit, ihrer Einstellungen, ihrer Werte, ihrer Motive und ihrer Fähigkeiten geben. Authentizität oder Glaubwürdigkeit zählt unter Umständen sogar zu den Einschätzungskriterien des Audits, aber auch wenn dem nicht so ist, wird der Einschätzer immer auch darauf achten, wie glaubwürdig ein Teilnehmer erscheint. Erfahrungsgemäß wirkt es sich sehr stark auf die Bewertungen aus, wenn die Einschätzer zu dem Eindruck kommen, jemand versuche, ein bestimmtes Bild von sich zu vermitteln, das seinen tatsächlichen Auffassungen und Einstellungen bzw. seinem tatsächlichen Verhalten im Alltag nicht entspricht. Andererseits wird in aller Regel mit Wertschätzung zur Kenntnis genommen, wenn Teilnehmer sich offen, ehrlich und direkt geben, nicht um den heißen Brei herumreden, keine Standardfloskeln nutzen, um kritische Fragen zu umschiffen und bereit sind, sich auf ein Gespräch über sie selbst, ihre Überzeugungen, ihre Selbstwahrnehmung, ihre Ideen und ihre Erfahrungen wirklich einzulassen.

Vor welcher Wahl steht man damit als Teilnehmer? Ist es die Wahl zwischen schonungsloser Offenlegung aller Defizite, um die man bei sich weiß einerseits und der perfekten Show im Sinne der Erwartungen andererseits? Ist es die Wahl zwischen Wahrheit und Lüge? Einerseits ist jedem klar, dass es im Audit darauf ankommt, im Sinne der Erwartungen und Bewertungskriterien eine gute Leistung abzuliefern. Daher wird man versuchen, möglichst im Sinne dieser Erwartungen aufzutreten und in den Bewertungskriterien gut abzuschneiden. Andererseits will man nicht Gefahr laufen, als Eindruckschinder und Blender eingestuft zu werden, der nicht ehrlich mit seinen Gesprächspartnern ist.

Bevor man in solche Überlegungen weiter einsteigt, die eher irritieren als Erkenntnisse zu vermitteln, sollte man einen Schritt zurück treten und sich die Sache noch einmal aus der Distanz anschauen.

Es gibt gewissermaßen zwei Grundrechte im Audit: Der Teilnehmer hat das Recht, sich möglichst erfolgreich und positiv darzustellen, die Einschätzer haben das Recht, einen möglichst realistischen und unverzerrten Blick auf die Person und ihre Fähigkeiten oder ihr Potenzial zu erwarten. Für einen Teilnehmer ist es zweifellos legitim, sich zu fragen, was man wohl von ihm erwartet und welches Verhalten opportun sein könnte. Und es ist auch legitim, sich den Ergebnissen dieser Überlegungen entsprechend zu verhalten und zu versuchen, auch solche Positionen zu vertreten und solche Verhaltensweisen zu zeigen, die nicht unbedingt zum alltäglichen Repertoire gehören. Erfahrene Einschätzer werden Aussagen und Verhaltensweisen daraufhin bewerten, ob man erwarten kann, dass sie über das Audit hinaus auch die Arbeitsweise im Alltag bestimmen. Sie haben dazu verschiedene Möglichkeiten – insbesondere dann, wenn sie ihr methodisches Repertoire nicht auf die Führung eines Interviews beschränken. Im Rahmen eines Interviews können sie zum einen durch das Erfragen von Beispielen, das Ansprechen von Unstimmigkeiten und das penible, auch harte Nachfragen die Stabilität von Behauptungen und Darstellungen testen. Darüber hinaus haben sie die Möglichkeit, im Rahmen einer Simulation oder Präsentation zu prüfen, ob die Selbstwahrnehmung auch den tatsächlichen Fähigkeiten entspricht. Wer im Interview seine analytischen Fähigkeiten hervorhebt, die Lösung der Fallstudie aber nicht findet, wer einen konsequenten und klaren

Führungsstil für sich beansprucht, im Rahmen eines Mitarbeitergesprächs aber die Regeln der konsequenten Gesprächsführung missachtet, wird im Nachhinein nicht nur wegen der missratenen Fallstudie und des inkonsequent geführten Mitarbeitergesprächs Kritik ernten, sondern auch wegen seiner Selbstdarstellung im Interview und der mangelnden Fähigkeit, das eigene Verhalten und die eigenen Fähigkeiten angemessen einzuschätzen.

Man sollte sich also als Teilnehmer insbesondere davor hüten, Dinge zu behaupten, die man in einer kritischen Nachfrage oder angesichts der Bitte, sie auch im Rahmen des Audits umzusetzen, nicht bewahrheiten kann. Die Frage ist also nicht, soll ich mich möglichst positiv darstellen oder nicht, sondern es gibt zwei andere, viel wichtigere Fragen:

- Weiß ich wirklich, was erwartet wird und nach welchen Kriterien bewertet wird?

- Kenne ich im Hinblick auf diese Aspekte meine eigenen Grenzen?

6.3.1   Der Anforderungsirrtum

Häufig geschehen die größten „Unfälle" im Audit dadurch, dass Teilnehmer einem „Anforderungsirrtum" erliegen. Ich spreche bewusst von Unfällen, weil dieser Situation eine gewisse Tragik innewohnt. Jeder, der eine Prüfung bestehen will, bemüht sich darum, möglichst das zu tun, wofür man in dieser Prüfung Punkte sammelt. Und schon in der Schule liebt man jene Lehrer, die sagen, „was drankommt". Und gehasst werden diejenigen, die einen im Unklaren lassen. Man will sich zu Hause vorbereiten und weiß gar nicht, was man eigentlich anschauen und welche Aufgaben man üben soll. Im schlimmsten Fall übt man stundenlang das Falsche und übersieht, worauf es wirklich ankommt.

Das Bedürfnis nach Anforderungssicherheit ist auch vor einem Audit groß. Man möchte wissen, worauf es ankommt und versucht, sich davon ein Bild zu machen. Dabei entwickelt jeder eine mehr oder minder differenzierte Vorstellung davon, was wohl eingeschätzt und welches Verhalten positiv wahrgenommen wird. Das kann von eher globalen Annahmen wie „Man muss immer die Oberhand behalten", „Man sollte keine Schwächen zugeben" und Ähnlichem bis zu differenzierten Kompetenzlisten reichen, die jemand mit Hilfe einschlägiger Literatur erarbeitet hat.

Dabei kann es nun geschehen, dass jemand sich irrt und von Anforderungen ausgeht, die gar nicht bestehen und andererseits diejenigen, auf die das Augenmerk der Einschätzer gerichtet ist, übersieht oder als weniger wichtig einstuft. Das ist mit „Anforderungsirrtum" gemeint. Dieser kann mehr oder weniger gravierend ausfallen und dem entsprechend zu mehr oder minder fehlgeleitetem Verhalten führen:

- Jemand nimmt an, ein bestimmtes Auftreten, eine bestimmte Selbstdarstellung, ein bestimmtes Verhalten sei gewünscht und werde positiv bewertet, dabei wird genau dieses nicht gewünscht und negativ bewertet – sicherlich der unglücklichste Fall, vor allem wenn es sich auf wichtige Grundzüge des Anforderungsprofils bezieht.

■ Jemand geht davon aus, dass bestimmte Kriterien geprüft werden, die aber gar nicht zur Debatte stehen. Er versucht also, sich im Sinne von Aspekten gut darzustellen, die für die Einschätzer irrelevant sind und daher nur peripher wahrgenommen werden. Dagegen richtet er möglicherweise viel zu wenig Aufmerksamkeit auf jene Aspekte, auf die es den Einschätzern wirklich ankommt.

■ Jemand liegt zwar im Hinblick auf die Kriterien in etwa richtig, täuscht sich aber darin, welches für die Beobachter hinsichtlich dieser Kriterien das richtige, das gute, das professionelle, das überzeugende oder sonstwie qualifizierte Verhalten darstellt. Hier liegt schon ein recht kniffliger Fall eines Anforderungsirrtums vor. Man kennt die Richtung, weiß aber zu wenig über die Details.

Vermutlich könnte man noch weiter differenzieren und feinsinnigere Anforderungsirrtümer ausmachen. Die Genannten sind aber sicherlich die entscheidenden.

Eine Methode den Anforderungsirrtum zu vermeiden, könnte sein, sich einfach keine Gedanken darüber zumachen, worauf es wohl ankommt und welche Anforderungen im Zentrum der Aufmerksamkeit stehen werden. Aber diesen Ratschlag kann man nicht ernsthaft geben. Denn es ist nicht sinnvoll, gedankenlos in ein Audit hineinzustolpern. Wenn also der Tipp, „Seien Sie einfach Sie selbst!" im eben genannten Sinne gemeint ist, hilft er nicht viel weiter. Denn dann verwechselt man Authentizität mit Naivität. Entscheidend ist es, sich ein möglichst realistisches Bild davon zu verschaffen, worauf es ankommt. Dazu bieten sich verschiedene Wege an:

■ Fragen Sie die durchführenden Personen nach dem Anforderungsprofil, drängen Sie auf eine ausführliche Information und Kommunikation. Ihr Hauptargument: Auch im Job weiß ich in der Regel recht genau, was von mir verlangt wird. Das sollte in einer Prüfung für zukünftige Jobs nicht anders sein! Sprechen Sie die Verantwortlichen direkt und persönlich an, wenn Ihnen die Informationen nicht ausreichend erscheinen.

■ Machen Sie sich die Mühe, selbst einen möglichst ausgewogenen Katalog von Kriterien der fachlichen, persönlichen, sozialen und Business-Kompetenzen zusammenzustellen, die Sie selbst für wichtig halten. Die Betonung liegt auf „ausgewogen". Wählen Sie dabei nicht mehr als 12 aus!

■ Gehen Sie die beispielhaft weiter oben (s. Punkt 2 dieses Kapitels) genannten Kriterien durch und lassen Sie sie auf sich wirken. Sie werden sehen, wie vielseitig ein Profil sein kann. Das kann Ihnen helfen, auf eigene unbestätigte Theorien und Hypothesen zu verzichten.

■ Richten Sie sich darauf ein, dass Sie je nach Situation und Anforderung sehr unterschiedliche, vielleicht sogar gegensätzlich erscheinende Verhaltensweisen beherrschen müssen. Legen Sie sich deshalb nicht auf eine bestimmte Linie fest. Ein Beispiel: In einem Fall können Konsequenz, Hartnäckigkeit und die kompromisslos Vermittlung bestimmter Vorgaben erwartet werden, im anderen Fall ein sehr ruhiges, vorsichtiges und fragendes Vorgehen, um eine Situation in den Griff zu bekommen. Das gilt auch für so manche Frage und Simulation im Audit.

Daher kann der Ratschlag zur Authentizität nur heißen: Trauen Sie Ihrer Erfahrung mit vielen beruflichen Situationen, die Sie kennen gelernt haben, reflektieren Sie, was Sie jeweils angesichts bestimmter Fragen oder Situationen aus welchen Gründen für richtig und sinnvoll halten, und verlassen Sie sich auch auf Ihr Gefühl für die Situation und die handelnden Personen. Tun Sie das, was Sie für richtig halten, und nicht das, von dem Sie glauben, man möchte es (vielleicht) gern von Ihnen hören oder sehen.

Natürlich kann es dann passieren, dass andere das, was Sie für richtig halten, nicht positiv bewerten. Aber das gehört dazu. Es kann helfen zu erkennen, dass bestimmte Aufgaben oder Anforderungen (noch) nicht die richtigen für Sie sind. Sie können mit dieser Strategie das Audit auch nutzen, um selbst ein Gefühl dafür zu bekommen, was Ihnen liegt und womit Sie sich schwerer tun, was Sie mögen und was Sie vielleicht auch nicht wollen.

Wenn Sie aber im Vorfeld eine ausgewogene Betrachtung angestellt und eine möglichst intensive Informationssuche betrieben haben, ist die Wahrscheinlichkeit recht hoch, dass Sie ein brauchbares Bild von Erwartungen und Anforderungen im Kopf haben, auf die Sie sich einstellen sollten. Bleiben Sie jedoch flexibel und fixieren Sie sich nicht im Vorfeld auf bestimmte Verhaltensweisen, die dem konkret Gefragten und Vorgegebenen dann oft nicht gerecht werden können.

6.3.2   Der Umgang mit den eigenen Grenzen

Wie schon angesprochen kann es vorkommen, dass man angesichts bestimmter Anforderungen an die eigenen Grenzen stößt und nicht so recht weiß, wie man eine geschilderte Situation einschätzen, wie man eine Frage beantworten, wie man einen komplexen Fall in den Griff bekommen oder wie man einen schwierigen Gesprächspartner überzeugen kann.

Ein Audit wird dazu genutzt, die Grenzen der Teilnehmer auszuloten. Es soll herausarbeiten, wer in welchen Kompetenzaspekten seine Stärken hat und in welchen eher schwach ist. Daher werden hohe Anforderungen gestellt und es wird ein breites Spektrum von Kriterien eingeschätzt. Es ist nicht die Regel, dass Kandidaten in allen Aspekten die besten Ergebnisse liefern. Auch das kommt zwar vor, aber es ist eher die Regel, in einem Audit an seine Grenzen geführt zu werden. Man sollte damit rechnen, dass das geschieht, um die Kraft zu besitzen, auch nach einer schwierigen Aufgabe oder Situation im Audit wieder Fuß zu fassen und sich auf die nächsten Anforderungen konzentrieren zu können.

Die gewünschte Authentizität der Teilnehmer beinhaltet das Anerkennen und die differenzierte Reflexion der eigenen Schwächen und Grenzen. Im Rahmen eines Audit-Interviews wird es sehr häufig darauf ankommen, eine differenzierte Reflexion der eigenen Person und der eigenen Anteile an Erfolgen und Misserfolgen zu zeigen und zu demonstrieren, dass man aus Fehlern lernt. Dies ist *die* Gelegenheit Authentizität zu beweisen. Wer im Gespräch über sich selbst zu Allgemeinplätzen, Beschönigungen oder zum mehr schlecht als recht überspielten Achselzucken greift, verspielt eine der wesentlichen Chancen, sich überzeugend zu positionieren.

Es kommt bspw. immer wieder vor, dass Teilnehmer, die nach ihren beruflichen Misserfolgen befragt werden und die auf eine oft beträchtliche Erfahrung zurückblicken, zu dem Schluss kommen, es habe keine gegeben. Wenn dann auch der Hinweis nicht weiterhilft, dass es nicht um große Katastrophen, sondern lediglich darum geht, ein paar Dinge zu benennen, die aufgrund falscher Einschätzungen und nicht angemessenen Verhaltens nicht gut gelaufen sind, verspielt man seine Glaubwürdigkeit. Kein Einschätzer wird es – wohl zu Recht – für realistisch halten, dass in 10, 15 oder mehr Jahren beruflicher Herausforderungen keine Misserfolge oder Fehler aufgetreten sind. Wenn Misserfolge zum Gesprächsgegenstand werden, geschieht dies nicht mit der Absicht, jemandem Pannen, Patzer oder gar Unfähigkeit nachzuweisen, sondern es wird davon ausgegangen, dass es solche Fehler und Misserfolge gegeben hat. Es geht um den Aspekt der differenzierten, ehrlichen und konstruktiven Auseinandersetzung damit. Und hierbei erwartet jeder Interviewer neben der Reflexion vor allem Authentizität: eine ehrliche und offene Auseinandersetzung mit den eigenen Schwächen und Grenzen.

6.4   Engagement und Anstrengung

Man könnte denken, dass es selbstverständlich ist, sich in einem Audit besonders anzustrengen und engagiert an die Gespräche und Aufgaben heranzugehen. In sehr vielen Fällen ist dem auch so. Aber bemerkenswerterweise nicht immer. Daher sei hier noch einmal ausdrücklich darauf hingewiesen, dass es für die Durchführenden zu den Mindesterwartungen an Teilnehmer im Audit gehört, dass sie Engagement und Anstrengung zeigen, weil sie dadurch zeigen, dass sie das Verfahren ernst nehmen. Wer sich im Rahmen eines Management Audits abwartend und distanziert verhält, in Gesprächen kurz angebunden wirkt und Aufgaben nur oberflächlich bearbeitet, läuft nicht nur Gefahr, eine kritische Einschätzung zu ernten, sondern darüber hinaus eine gewisse Geringschätzung dem Verfahren gegenüber zu vermitteln. Darauf reagieren diejenigen, die das Ganze mit viel Aufwand umsetzen, wenig erfreut. Schon aus diesem Grund sollte man sich erkennbar anstrengen und mit Engagement auftreten.

Darüber hinaus wird natürlich an diesem Punkt vielfach die Frage der Leistungsmotivation festgemacht. In Potenzialeinschätzungsverfahren geht es immer neben dem „Können" auch um das „Wollen". In aller Regel ist neben den Kompetenzbewertungen auch eine Einschätzung der motivationalen Aspekte gefordert, und dazu gehört primär die Leistungsmotivation. Sie wird meist als die Bereitschaft verstanden, Leistungen zu erbringen, sich anzustrengen, von sich aus engagiert Anforderungen anzunehmen und zu gestalten. Da ein Management Audit eine punktuell durchgeführte Angelegenheit ist, kann die Langfristigkeit und Nachhaltigkeit einer solchen Motivation in diesem Rahmen nur mit Einschränkungen bewertet werden. Man kann sich darüber im Interview ein Bild machen, aber die Aussagen zu einem Geschehen, das sich innerhalb einer Person abspielt und das seine komplexen Wirkungen im Alltag an unterschiedlichsten Stellen zeigt, sind naturgemäß nur schwer validierbar. Zweifellos vermitteln Gespräche über die Art und Weise des Umgangs mit Aufgaben und Anforderungen auch einen Eindruck über das Engagement, mit dem sie angegangen werden. Das Interview ist aber sicher eher geeignet, die Motivlage eines Teilnehmers in inhaltlicher Hinsicht zu besprechen. Die Frage danach, was jemanden motiviert, wie er Frustrationen überwindet usw., also die Frage nach der Art der Motivation, ist sinnvoller als die Frage nach dem Ausmaß, also dem Grad der Motivation.

Da auf die quantitative Ausprägung der Leistungsmotivation nur aus dem Auftreten im Verfahren selbst geschlossen werden kann, hat man hier die Gelegenheit, durch ein engagiertes und motiviertes Auftreten einen entsprechenden Eindruck zu hinterlassen. Diese Chance sollte man nutzen.

Da die Durchführenden wissen, dass das Audit eine Spitzenleistungssituation ist, werden sie davon ausgehen, dass ein hohes Aktivitätsniveau im Audit nicht repräsentativ für die berufliche Dauerleistung ist. Was wird man dem entsprechend unterstellen, wenn schon im Audit Anstrengung, Engagement und Aktivität nur mittelmäßig oder gar schwach zu sein scheinen?

Also sprechen mindestens zwei Gründe dafür, im Audit die grundlegende Erwartung nach Engagement und Anstrengung zu erfüllen: Erstens das soziale Argument, den Durchführenden durch eine engagierte Teilnahme eine gewisse Wertschätzung zu vermitteln und dadurch eine positive Grundeinstellung einem selbst gegenüber zu erzeugen oder zu festigen und zweitens die Möglichkeit, einen wesentlichen Bewertungsaspekt, nämlich die Stärke der eigenen Motivation zur Leistung, überzeugend zu vermitteln.

Engagement bedeutet aber nicht, zusätzlich zur äußeren Belastung inneren Druck aufzubauen und sich so noch mehr unter Stress zu setzen. Das könnte dazu führen, dass man den Anforderungen des Audits nicht mehr gewachsen ist. Je klarer man sich darüber ist, dass es der Situation geschuldet und für die eigene Einschätzung hilfreich ist, sich engagiert zu geben und aktiv an die Dinge heranzugehen, desto eher wird man auch zu dieser Anforderung ein ruhiges und gelassenes Verhältnis gewinnen können.

7. Fazit für Sie als Teilnehmer am Management Audit

■ Um eine positive innere Haltung gegenüber der Teilnahme an einem Management Audit zu gewinnen, ist der Perspektivwechsel wichtig und hilfreich. Versetzen Sie sich in die Lage desjenigen, der das Audit durchführen lässt. Versuchen Sie, Anlässe *und* Gründe für das Management Audit möglichst gut zu verstehen. Sie werden differenzierter darüber denken und es wird Ihnen leichter fallen, eine innere Blockadehaltung zu vermeiden.

■ Sie können nicht zur Teilnahme an einem Management Audit gezwungen werden. Dennoch werden Sie kaum umhin kommen, teilzunehmen, wenn man Sie darum bittet. Nicht teilzunehmen, kann sich deutlich nachteilig auswirken. Teilnehmen dagegen kann – und das sollten Sie nicht vergessen – sich sehr positiv auswirken: Sie haben eine Gelegenheit, sich zu präsentieren und zu positionieren. Selten wird man sich so genau und intensiv mit Ihnen beschäftigen. Diese Gelegenheit sollten Sie nutzen!

■ Die Konsequenzen eines Management Audits sind in aller Regel erheblich – der wichtigste Grund, es nicht auf die leichte Schulter zu nehmen! Geht es um Besetzungsentscheidungen, kann die Folge sein, dass man Ihnen eine neue Funktion anbietet. Ebenso kann es sein, dass man das nicht tut, Ihre aktuelle Position aber völlig unangetastet bleibt. Bei größeren Reorganisationen und/oder bei einem sehr schwachen Abschneiden kann allerdings auch diese in Frage stehen. Es kann auch dazu kommen, dass man sich von Ihnen trennen will, ein Fall allerdings, der auf spezifische Reorganisationskontexte oder sehr auffällige Einzelergebnisse beschränkt ist.

■ Es ist wichtig zu erkennen, dass das Management Audit dabei nie der Grund für eine bestimmte Maßnahme ist. Die Gründe liegen in den Zielen, Veränderungen und Bedürfnissen der Organisation. Das Audit ist das Instrument, mit dessen Hilfe man zu Entscheidungen kommt. Wenn es nicht das Audit wäre, würden andere Instrumente herangezogen oder nach Gusto entschieden. Ob ein solches Vorgehen Ihnen eine größere Chance zur Darstellung Ihrer Person und Ihrer Fähigkeiten geben würde, ist zweifelhaft.

■ Neben der Chance auf interessante neue Aufgaben ist das differenzierte Feedback und eine auf die Ergebnisse aufbauende Unterstützung für die eigene Entwicklung eine der wichtigsten Konsequenzen eines Audits. Als Teilnehmer sollte man großen Wert darauf legen, ein solches Feedback zu bekommen, es gegebenenfalls nachdrücklich einfordern und sich aktiv in die Initiierung und Gestaltung von Entwicklungsplänen und -maßnahmen einbringen.

■ Im Management Audit geht es in aller Regel um die Einschätzung Ihres Potenzials für andere, neue Aufgaben und Herausforderungen. Ihre bisherige Leistung kann nicht immer einen essentiellen Beitrag zur Einschätzung dieses Potenzials liefern. Insofern kann es auch bei Personen, die schon lange im Unternehmen sind und erfolgreich ihre Aufgaben erfüllen, sinnvoll sein, ein Audit durchzuführen.

■ In aller Regel sind für ein Management Audit eine Reihe von Kompetenzkriterien definiert, die eingeschätzt werden sollen. Sie sind fast immer eine Mischung aus persönlichen Kompetenzen, sozialen Kompetenzen, Führungskompetenzen und Businesskompetenzen. Machen Sie sich im Vorfeld Gedanken darüber, um welche Kompetenzen es gehen könnte. Fixieren Sie sich jedoch niemals auf ein bestimmtes Vorgehen oder Verhalten im Audit. Es könnte die falsche Hypothese sein. Gehen Sie Aufgaben und Gespräche so an, wie Sie es in der Sache und angesichts der Personen für richtig halten.

■ Stellen Sie sich darauf ein, im Management Audit mehreren Personen in unterschiedlichen Rollen gegenüberzustehen. Es kann sich ausschließlich um Berater handeln, es können aber auch Personen aus Ihrem Unternehmen sein. Erkundigen Sie sich vorab über die Zusammensetzung des Auditorenteams und stellen Sie sich darauf ein.

■ Erarbeiten Sie sich eine positive Grundhaltung dem Audit gegenüber. Vergegenwärtigen Sie sich die Chancen und Möglichkeiten, die damit verbunden sind, vermeiden Sie Horrorszenarien und ignorieren Sie üble Gerüchte. Das bedeutet Arbeit an sich selbst und fällt nicht vom Himmel. Ein konstruktiver Zugang zur Teilnahme ist die wichtigste Voraussetzung für die notwendige innere Freiheit, sich konzentriert den Aufgaben und offen den Menschen zu stellen, die Sie dort erwarten.

■ Seien Sie authentisch und glaubwürdig hinsichtlich Ihrer Erfahrungen, Ihrer Neigungen, Ihrer Ziele, Ihrer Stärken und Ihrer Schwächen. Sie haben das gute Recht, sich positiv darzustellen. Aber gehen Sie davon aus, dass man Ihre Aussagen auf die Goldwaage legt und Ihr Verhalten genau reflektiert. Achten Sie auf die Belastbarkeit dessen, was Sie sagen und tun.

■ Gehen Sie offen und kontaktfreudig auf die Personen zu, die das Audit durchführen.

■ Zeigen Sie Engagement und Anstrengung. Es wird sich lohnen.

Ablauf und Bausteine
eines Management Audits

1. Gesamtüberblick über einen Audit-Prozess

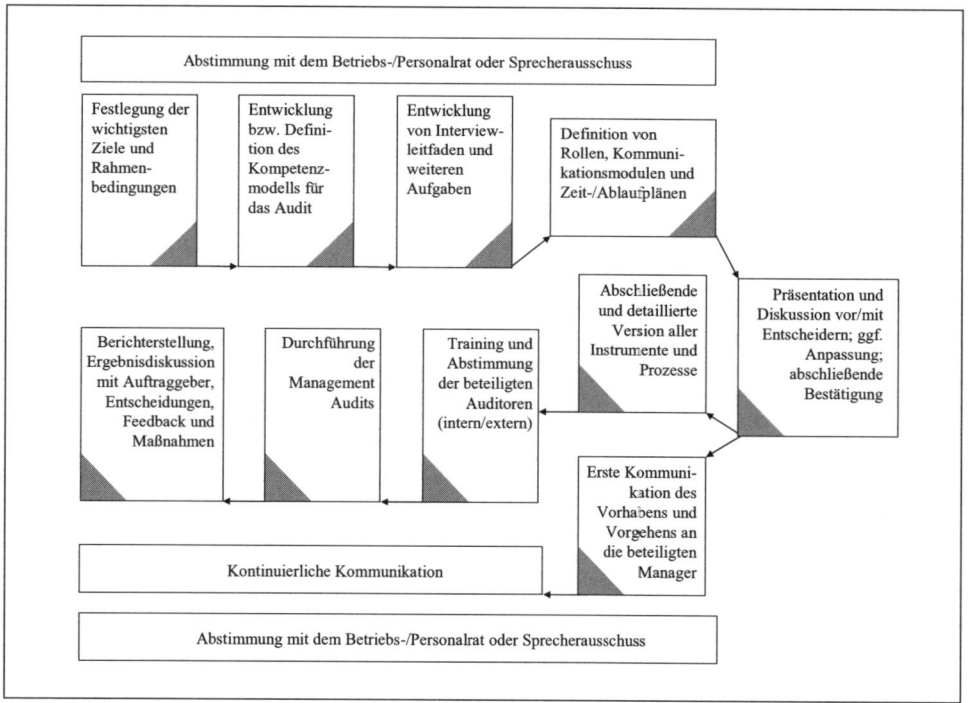

Abbildung 5: *Prozessübersicht zum Management Audit*

Management Audits bedürfen nicht nur einer sehr sensiblen und professionellen Durchführung, sondern einer ebenso sorgfältigen Konzeption, Planung und Vorbereitung sowie einer systematischen und intensiven Nachbereitung. Hinzu kommt die vorbereitende und begleitende Kommunikation, die ein entscheidender Faktor für den Erfolg des Gesamtprojekts ist. Abbildung 5 zeigt eine Übersicht über einen Gesamtprozess.

1.1   Zielklärung

Es ist in erster Linie für Auftraggeber und Durchführende wichtig, sich klar zu machen, welche Ziele mit der Durchführung eines Management Audits verfolgt werden, ob diese Ziele grundsätzlich mit einem solchen Verfahren erreichbar sind und ob dieselben Ziele möglicherweise mit anderen Vorgehensweisen noch besser umgesetzt werden können. Schließlich ist es nicht erstrebenswert, ein Management Audit um des Audits willen durchzuführen, sondern es ist wesentlich, möglichst effizient die Ziele zu erreichen, die man sich vorgenommen hat. Nur wenn das Management Audit im Gesamtzusammenhang der Strategien und Vorgehensweisen zur Zielerreichung eine effiziente Maßnahme darstellt, sollte man es auch umsetzen. Aber auch für Teilnehmer ist es wichtig, die Ziele zu kennen, die mit dem Audit erreicht werden sollen. Nur so kann man sich angemessen damit auseinandersetzen und sich darauf vorbereiten. Im vorigen Kapitel wurde bereits auf den wichtigen Unterschied zwischen Anlässen und Gründen eines Management Audits hingewiesen. Von beiden sind wiederum die Ziele zu unterscheiden.

Egal aus welchem Anlass und aus welchen Gründen man unter den möglichen Vorgehensweisen ein Management Audit als sinnvolle Maßnahme auswählt, es wird immer darum gehen, eine oder mehrere spezifische inhaltliche Zielsetzung(en) und zugleich die soziale Zielsetzung des Erhalts einer positiven Grundstimmung, Motivation und Einsatzbereitschaft im Management insgesamt umzusetzen. Sie sind die bestimmenden Zielsetzungen, die mit einem Management Audit assoziiert sind. Die inhaltlichen Ziele und die mit ihnen verbundenen Qualitätsanforderungen an die geschaffene Datenbasis sind in jedem konkreten Fall genau zu spezifizieren. Nur wenn klar ist, welche Entscheidungen nach welchem konkreten Modus getroffen werden sollen und welchen Stellenwert in dieser Entscheidungsfindung das Ergebnis eines Management Audits haben soll, kann das Verfahren richtig konzipiert werden und die erforderlichen Informationen liefern. Auch sollte im Fall von Entwicklungsinvestitionen vorher geklärt werden, welche Budgets und Möglichkeiten zur Verfügung stehen und in welchen Zeiträumen welche Zielgruppen unterstützt werden sollen, um die konkreten Ziele des Management Audits festlegen zu können.

Die typischen mit einem Management Audit verbundenen Ziele sind:

■ Herstellen einer Grundlage für Besetzungsentscheidungen und Entwicklungsinvestitionen; diese Grundlage soll in der Regel folgenden Ansprüchen genügen:

  – Validität: Die Schlüsse, die auf dieser Grundlage gezogen werden, sollen sich in der Folge als die richtigen erweisen. Es sollen diejenigen Personen ausgewählt und in bestimmte Positionen gebracht oder darauf vorbereitet werden, die sich in diesen Positionen auch bewähren werden.

  – Akzeptabilität: Das Verfahren soll eine Qualität aufweisen, die die Teilnehmer auch dann von der Fairness und Chancengleichheit überzeugt sein lässt, wenn sie nicht zu denjenigen gehören, die ausgewählt oder gefördert werden.

■ Professionalisierung und Systematisierung der Managemententwicklung: Vielfach gehört es zu den erklärten Zielsetzungen eines Management Audits, die Managemententwicklung zu strukturieren und zu zeigen, dass Nachfolgeplanung und Führungskräfteentwicklung intensiv betrieben werden. Die Mitarbeiter und insbesondere die Führungskräfte sollen daran zum einen erkennen, dass der Aufstieg im Unternehmen strengen Anforderungen und Prüfungen unterliegt und dafür Sorge getragen wird, dass nur die Besten nach oben kommen. Zum anderen soll verdeutlicht werden, dass man sich mit jedem Einzelnen, der für eine Führungsfunktion in Betracht kommt, intensiv beschäftigt, sich bemüht, seine Stärken und Schwächen zu erkennen und ihn sowohl so einzusetzen, dass er erfolgreich sein kann, als auch mit ihm an seiner weiteren Entwicklung zu arbeiten.

■ Mitarbeiterbindung: Häufig wird Management Audits nachgesagt, Führungskräfte zu verunsichern und eine kritische Haltung dem eigenen Unternehmen und Management gegenüber zu fördern. Dabei wird auch unterstellt, dass gerade die leistungsstarken Führungskräfte, die die innere Unabhängigkeit, die Souveränität und den Mut besitzen, sich nicht alles gefallen zu lassen, also genau diejenigen, die man in Managementpositionen sehen möchte, sich eher nach einer Alternative umsehen würden als nach Jahren des Einsatzes für ihr Unternehmen ihr Schicksal in die Hände eines Management Audit Teams zu legen. Dann hätten diese Verfahren eher das Potenzial, Manager aus dem Unternehmen zu vertreiben als sie daran zu binden – und zwar oder zumindest auch gerade diejenigen, die man halten möchte. Aber es gibt durchaus auch andere Sichtweisen. Unter bestimmten Bedingungen kann ein Management Audit einen wichtigen Beitrag zur Bindung der Leistungsträger an das Unternehmen liefern:

– Einbettung des Audits in eine langfristige strategische Managemententwicklung: Wann immer ein Management Audit als eine Art Deus ex Machina eingesetzt wird, um eine schwer zu entscheidende, möglicherweise politisch sensible Personalfrage ohne Blessuren für die Entscheidungsträger bzw. Interessengruppen zu lösen, läuft man in der Tat Gefahr, die betroffenen Führungskräfte zu frustrieren und zu demotivieren, weil ein solches Verfahren häufig sehr isoliert vom bisherigen Leistungskontext und ohne erkennbares Konzept für Folgemaßnahmen eingesetzt und nur für einmalige Entscheidungsfindungen genutzt wird. Häufig bringt das mehr Verlierer als Gewinner unter den Teilnehmern hervor. Und viele der Verlierer, im Sinne der Entscheidungen nach einem Management Audit, sind für das Unternehmen dennoch sehr wertvoll und schwer verzichtbar. Besonders unvorteilhaft ist es, wenn vorneweg zur Beruhigung der Gemüter angekündigt wird, dass jeder von dem Verfahren profitieren wird, weil er auch im Falle, dass er nicht ausgewählt wird, in den Genuss individueller Förderung auf der Basis der Ergebnisse kommen wird – und dann nur langes Warten und gähnende Leere folgen. Solch ein Einsatz des Management Audits wird in vielen Fällen nicht zur Bindung der Führungskräfte beitragen. Anders kann es hingegen sein, wenn es eine langfristige Strategie der Managemententwicklung und Nachfolgeplanung gibt, in der für Manager und Nachwuchsführungskräfte des Unternehmens transparent ist, dass nach definierten Kriterien und in nachvollziehbaren Prozessen diejenigen eine Chance zur Karriere bekommen, die sich einsetzen und bewähren. Wenn im Rahmen einer solchen Entwicklungsstrategie Management Audits einen definierten Platz haben und dazu beitragen, dass zunächst diejenigen eine Chance zur Entwicklung erhalten, die besonderes Potenzial mitbringen, werden sie auch zur Bindung dieser Personen an das Unternehmen beitragen. Denn in einem solchen Szenario werden ihnen ihre Entwicklungsmöglichkeiten und ihre konkreten Chancen deutlich transparenter sein.

– Konsequenz in der Nutzung der Ergebnisse zur Managemententwicklung: Wenn die Ergebnisse von Audits im Unternehmen tatsächlich genutzt werden, um ausgerichtet an den Anforderungen konkrete individuelle Stärken zu unterstützen und vorhandene Defizite zu beheben und wenn dies mit Kontinuität und Konsequenz geschieht, werden Führungskräfte den Nutzen solcher Verfahren für sie selbst sehr schnell erkennen und sie bei allem Stress, den sie zweifellos verursachen, wertschätzen.

– Transparenz durch Information und Kommunikation: Wenn darüber frühzeitig mit den Betriebs- bzw. Personalräten über die Vorgehensweisen gesprochen wird, wenn die entscheidenden Bewertungskriterien offengelegt und die möglichen Konsequenzen vollständig und klar kommuniziert werden, kann das notwendige Vertrauen in ein solches Verfahren entstehen. Dieses Vertrauen ist zusammen mit den anderen genannten Aspekten zwingend erforderlich, um das Potenzial von Management Audits zur Bindung von Führungskräften zu nutzen.

■ Mikropolitische Ziele werden häufig ebenfalls eine Rolle spielen, die mehr oder weniger ausgeprägt sein kann. Es kommt immer wieder vor, dass man einem Management Audit für die Begründung von Besetzungsentscheidungen und Entwicklungsmaßnahmen den Vorzug gibt, weil es dem Ziel dient, Entscheidungen zu objektivieren und sie gegenüber unterschiedlichen Interessengruppen innerhalb des Managements oder des Unternehmens durchzusetzen. Wenn beispielsweise innerhalb des Managements keine Einigkeit darüber besteht, wer aus einem Kreis von Kandidaten eine Position übernehmen soll, so kann eine Zielsetzung eines Management Audits sein, diesen Konflikt durch eine neutrale Entscheidung zu lösen. Auch wird immer wieder eingewandt, Management Audits würden gelegentlich nur deswegen eingesetzt, um bereits gefällte Entscheidungen durch ein scheinbar objektives Vorgehen zu legitimieren und gegen Kritik zu immunisieren. Dabei können diese Entscheidungen sowohl nach rationalen Gesichtspunkten als auch aus eher zweifelhaften Motiven zustande gekommen sein. Wann immer es schwierig ist, sie anderen wichtigen und einflussreichen Personen oder Gruppen im Unternehmen gegenüber zu behaupten, kann ein Management Audit als Legitimierungshilfe eingesetzt werden. Es ist schwer einzuschätzen, wie häufig dies tatsächlich geschieht und es ist eine Frage der Ethik, ob man als Interessenträger ein solches Vorgehen wählt bzw. als Anbieter von Management Audits entsprechende Ansinnen akzeptiert. In einem solchen Fall können zwei Szenarien auftreten: Entweder bestätigt das Management Audit tatsächlich den bevorzugten Kandidaten als den besten – dann wird gewissermaßen die Unlauterkeit der Absichten durch das Ergebnis geheilt, ohne sie als Gesinnung wirklich rechtfertigen zu können, versteht sich. Oder das Vorgehen und damit das Ergebnis muss den Absichten von vornherein angepasst und ein Kandidat „durchgewunken" werden, ohne ihn näher zu überprüfen. Es muss ein Gefälligkeitsgutachten erstellt werden. Der Einsatz solcher Methoden wird moralischen Grundsätzen zweifellos nicht genügen, aber das Problem besteht darin, dass diese

Sicht der Dinge die handelnden Personen in der Regel nicht oder nur wenig interessiert. Gewichtiger könnte für sie die pragmatische Überlegung sein, dass sich ihr Vorgehen immer dann als Irrweg erweisen wird, wenn der entsprechende Kandidat die Erwartungen nicht erfüllen kann. In diesem Fall wird sowohl die Entscheidung selbst und mit ihr der Entscheidungsträger als auch das Verfahren in Misskredit geraten und es wird beim nächsten Mal schwieriger, auf demselben Weg eine Entscheidung nachträglich zu untermauern.

1.2 Konzeption des Verfahrens

Bevor entschieden werden kann, welche Methoden in einem Audit eingesetzt werden, muss geklärt werden, welche konkreten Kompetenzen der Teilnehmer bewertet werden sollen. Die Vielzahl der möglichen zu bewertenden Kompetenzen und die ihnen zugeordneten Einschätzungsaspekte sind in Kapitel „Die wichtigsten Fragen" (s. dort Punkt 4.2) ausführlich dargestellt. Man geht hier in der Regel von bereits definierten Anforderungen in bestimmten Positionen oder von eher generellen Erwartungen an Führungskräfte bestimmter Ebenen und/oder Funktionsbereiche aus. Vielfach werden generelle Management- und Führungsqualitäten eher angesprochen als spezifische fachlich-funktionale Aspekte. Für die jeweils in Frage stehenden Managementaufgaben müssen die relevanten Kompetenzen ausgewählt werden.

Eine sehr effiziente Methode, um die Erfolgsfaktoren in einer Funktion zu strukturieren, ist die Critical Incident Analyse, deren Ursprünge auf die Mitte des 20. Jahrhunderts zurückgehen und die sich bis heute bewährt hat. Sie setzt keine spezifischen Fachkenntnisse in der Managementdiagnostik im Besonderen oder des Personalmanagements im Allgemeinen voraus, um erfolgreich durchgeführt werden zu können. Daher kann sie auch jemandem nützlich sein, der sich als Teilnehmer auf ein Management Audit vorbereiten möchte.

Es geht bei der Critical Incident Analyse im Kern darum, die wesentlichen über den Erfolg entscheidenden Situationen und/oder Teilaufgaben innerhalb einer Funktion oder einer Funktionsgruppe zu identifizieren und ihnen diejenigen Fähigkeiten, Eigenschaften und Verhaltensweisen zuzuordnen, die für den Erfolg erforderlich sind. Die Kunst in der Anwendung dieser Methode besteht in der Reduktion der Komplexität, indem ein Abstraktionsniveau gefunden wird, auf dem sich eine Funktion durch etwa fünf erfolgsentscheidende Situationen/Teilaufgaben beschreiben lässt. Ob es dann tatsächlich nur vier oder doch sieben sind, ist zweitrangig und hat mit der Komplexität der Anforderungen in einer Aufgabe zu tun. Diese Methode der Beschreibung ist besonders geeignet, durch Abstraktion die vielfältigen Detailanforderungen zu den wesentlichen Kernanforderungen zusammenzufassen. Sowohl derjenige, der ein Audit konzipiert als auch derjenige, der sich darauf vorbereitet, sollte sich über diese wesentlichen Teilaufgaben und/oder Situationen Gedanken machen, in denen sich der Erfolg in der Funktion, um die es geht, entscheidet. Wenn diese Teilaufgaben und/oder Situationen benannt sind, können zwei weitere Schritte folgen: Zum einen können die für die erfolgreiche Bewältigung der jeweiligen Teilaufgabe bzw. Situation besonders wichtigen

Kompetenzen definiert und zum anderen bezogen auf diese critical incidents Interviewthemen und -schwerpunkte sowie weitere Aufgaben wie Fallstudien, Präsentationen oder Simulationen entwickelt werden. Bei der Auswahl und Definition der Kompetenzkriterien kann man sich an Vorlagen orientieren oder eigene Beschreibungen entwickeln. Auch hier ist weniger oft mehr. Man sollte sich auf diejenigen Dinge konzentrieren, die in der jeweiligen Situation oder Aufgabe besonders wichtig sind. Die Gesamtbetrachtung der definierten critical incidents führt zum Katalog der besonders relevanten Fähigkeiten und Eigenschaften in einer Funktion. Selbstverständlich wird es Überschneidungen geben, aber es ist definiert, wann welche Eigenschaft oder Fähigkeit besonders ausschlaggebend für den Erfolg ist.

In vielen Unternehmen liegen definierte Kompetenzmodelle zumindest für die wichtigen Managementebenen vor. Wenn dem so ist, wird man zunächst etwa fünf critical incidents für eine Funktion oder Funktionsgruppe beschreiben und ihnen dann aus dem Katalog der Kompetenzen, die das Modell beschreibt, jeweils diejenigen zuordnen, die besonders wichtig für den Erfolg sind. Insgesamt kommt man mit der Critical Incident Analyse und ihrer Verknüpfung mit einem eingeführten Kompetenzmodell sehr schnell zu einer guten Strukturierungsbasis für die Konzeption eines Management Audits. Ausgehend von den Ergebnissen lassen sich sowohl ein strukturiertes Interview als auch sinnvolle weitere Aufgaben entwickeln und im Detail beschreiben. Dazu werden im weiteren Verlauf des Kapitels ausführliche Informationen folgen. Im Ergebnis sollte ein klare Zuordnung von Kompetenzkriterien und Bausteinen des Audits vorliegen, die sicherstellt, dass alle wichtigen Teilaufgaben bzw. Situationen in einer Funktion hinreichend berücksichtigt und alle entscheidenden Kriterien mehrfach bewertet werden.

In einer Kompetenzmatrix werden die Bausteine und Kriterien eines Audits dargestellt und es wird veranschaulicht, in welchem Baustein welche Kompetenz eingeschätzt wird. Abbildung 6 zeigt eine solche Kompetenzmatrix.

In der Regel erfolgt nach der Erstellung des ersten inhaltlichen Verfahrensentwurfs eine Abstimmung mit dem Auftraggeber über diesen Entwurf, damit spezifische Gestaltungswünsche noch eingearbeitet werden können. Nach einer solchen Feedbackrunde werden die abschließenden Versionen aller Bausteine erstellt. Die Feinarbeit der Konzeption des Audits liegt neben der detaillierten Erstellung von Interviewleitfäden und weiteren Aufgaben vor allem in der Operationalisierung der Kompetenzkriterien. Darunter ist die genaue Beschreibung dessen zu verstehen, was ein Kompetenzkriterium genau meint und woran man eine hervorragende, mittelmäßige oder schwache Ausprägung des Kriteriums in den Antworten eines Teilnehmers im Interview, in der Lösung einer Fallstudie, der inhaltlichen und formalen Gestaltung einer Präsentation oder seinem Auftreten in situativen Übungen wie beispielsweise einem Mitarbeitergespräch erkennt.

Kompetenzkriterium \ Baustein	Fachliches Interview	Persönlichkeits-interview	Fallstudie	Konzeptionelle Präsentation	Managementgespräch
Personalführungs- und Entwicklungskompetenz					
Mit Zielvereinbarungen führen		■			■
Offen kommunizieren und informieren		■			■
Teamorientiert arbeiten		■			■
Veränderungsbereitschaft und -fähigkeit					
Offenheit für Veränderungen	■			■	
Lernbereitschaft und -fähigkeit	■	■			
Konflikt- und Kritikfähigkeit		■			■
Unternehmerisches Handeln					
Strategisch denken und handeln			■	■	
Innovationsfähigkeit					
Erfolgsorientierung					
Entscheidungs- und Umsetzungsstärke			■		■
Fachkompetenz					
Wissen und Erfahrung im Fachgebiet	■				
Methodische Kenntnisse und Fähigkeiten	■				
Persönliche Wirkung					
Glaubwürdigkeit		■		■	
Positive Grundhaltung		■			■

Abbildung 6:   *Beispiel einer Kompetenzmatrix im Management Audit*

Es ist im Wesentlichen darauf zu achten, die wichtigsten Teilaspekte eines Kriteriums zu benennen und dennoch die Beschreibung so übersichtlich und handhabbar zu halten, dass eine Einschätzung in der erforderlichen Kürze der Zeit möglich ist. In der Regel werden nach einem Interview oder einer anderen Aufgabe fünf bis acht Kriterien einzuschätzen sein und häufig stehen dafür nicht mehr als 10 bis 15 Minuten zur Verfügung.

STRATEGISCHES DENKEN UND HANDELN

- Erkennen der entscheidenden Aspekte (Chancen, Risiken, Stärken, Schwächen)
- Denken in Zusammenhängen, Berücksichtigung wirtschaftlicher *und* politischer Zusammenhänge
- Systematische und nachvollziehbare Herleitung von strategischen Zielen und Maßnahmen

1	2	3	4	5	6	7	8	9

(weit) unter dem Soll ------------------ im Soll ------------------ (weit) über dem Soll

INNOVATIONSFÄHIGKEIT

- Blick und Interesse für Trends und Entwicklungen
- Kritischer Umgang mit Bestehendem und Routinen, Bereitschaft zu unkonventionellen Lösungen
- Angemessene Risikobereitschaft

1	2	3	4	5	6	7	8	9

(weit) unter dem Soll ------------------ im Soll ------------------ (weit) über dem Soll

OFFENHEIT FÜR VERÄNDERUNGEN

- Flexibilität im Hinblick auf Rahmenbedingungen
- Erkennen von Trends und ihrer Potenziale für die Unternehmensentwicklung
- Innere Unabhängigkeit von bisherigen Denk- und Vorgehensmustern, Interesse am Neuen

1	2	3	4	5	6	7	8	9

(weit) unter dem Soll ------------------ im Soll ------------------ (weit) über dem Soll

KONTAKTFÄHIGKEITEN

- Offenheit und Gewandtheit im Umgang mit Gesprächspartnern/Zuhörern, auch bei kritischen Fragen
- Klarheit und inhaltliche Logik der Ausführungen
- Rhetorik, Gestik und Mimik

1	2	3	4	5	6	7	8	9

(weit) unter dem Soll ------------------ im Soll ------------------ (weit) über dem Soll

Abbildung 7:   *Einschätzungskriterien im Management Audit (beispielhaft)*

Die einzelnen Kompetenzkriterien werden zur Bewertung mit einer Einschätzungsskala versehen, mit deren Gestaltung sich eine umfangreiche psychologische Literatur beschäftigt. In der Regel werden Skalen verwendet, die fünf bis neun Abstufungen aufweisen und von sehr schwacher bis sehr guter Ausprägung reichen. Auf einem Einschätzungsbogen werden die Kriterien mit ihren Operationalisierungen und der Einschätzungsskala zusammengestellt. Abbildung 7 zeigt einige Beispiele für Einschätzungskriterien mit einer neunstufigen Skala.

Egal welche Skala schließlich verwendet wird, es ist vor allem wichtig, eine Abstimmung der Einschätzer darüber durchzuführen, welcher Maßstab angelegt wird. Das heißt beispielsweise, welche Leistung bzw. welches Verhalten in den oben dargestellten Skalen als „im Soll" angesehen und was als „unter dem Soll" und „über dem Soll" begriffen wird. Dazu orientiert man sich an den Anforderungen, die die Managementaufgaben, um die es jeweils geht, stellen, und überträgt sie auf die Interviewfragen bzw. die weiteren gestellten Aufgaben. Dieser Abstimmungsprozess ist naturgemäß schwierig und verlangt eine intensive Auseinandersetzung mit den Anforderungen, mit den Aufgabenstellungen und mit den konkreten Beschreibungen der Einschätzungskriterien.

Zusätzlich zu den inhaltlichen Konzeptionsarbeiten ist die organisatorische Konzeption zu leisten. Dazu gehört im Wesentlichen die Gestaltung sehr detaillierter und vor allem realistischer Zeitpläne, die sicherstellen, dass der Ablauf des Audits für alle Beteiligten ruhig und reibungslos funktioniert. Insbesondere wenn an einem Verfahren mehrere Kandidaten parallel teilnehmen, ist es wichtig, dass sie sich auf die angegebenen Zeiten verlassen können und Verzögerungen in Grenzen gehalten werden. Abbildung 8 zeigt einen beispielhaften Zeitplan für ein eintägiges Management Audit, an dem drei Teilnehmer parallel teilnehmen, dabei allerdings vollständig unabhängig voneinander arbeiten.

Darüber hinaus ist festzulegen, wer in welchen Rollen am Verfahren teilnimmt. Dabei ist zum einen die Rolle interner Vertreter des Managements, des Personalbereichs und/oder des Betriebs- bzw. Personalrats festzulegen und die Rolle des externen Beraters zu definieren. Im Wesentlichen ist dabei zu fixieren, wer die Veranstaltung insgesamt moderiert, wer die Interviewführung und wer in Simulationen gegebenenfalls den Rollenspielpart übernimmt. Auch Detailfragen zum Prozess des Findens einer gemeinsamen Einschätzung gehören zur organisatorischen Feinkonzeption.

Schließlich sollte die Entwicklung eines Kommunikationskonzepts für den gesamten Audit-Prozess nicht vergessen werden. Es sollte zu Beginn definiert werden, wer wann über das Vorhaben an sich und das konkrete Vorgehen informiert wird. Einen besonderen Stellenwert hat dabei die Frage, wie der Betriebs- bzw. Personalrat oder auch der Sprecherausschuss angemessen eingebunden werden kann und wie die Kandidaten informiert werden sollen. Diese Information sollte zu dem Zeitpunkt erfolgen, zu dem die Konzeption abgeschlossen und mit dem Auftraggeber das Vorgehen abschließend festgelegt wurde. Erst dann könne alle Fragen von Teilnehmern wirklich beantwortet werden und folgen nicht immer wieder dem Muster: „das wird noch entschieden" oder „dazu können wir im Moment noch nichts sagen, weil die Verfahrenskonzeption noch nicht abgeschlossen ist". Eine zu frühe Kommunikation würde aufgrund der noch bestehenden Unklarheiten über das Vorgehen auf die Teilnehmer wenig professionell wirken, sie irritieren und mehr verunsichern als beruhigen und angemessen vorbereiten. Wenn das Verfahren und das Vorgehen definiert sind, muss die Kommunikation allerdings nicht zwingend sofort erfolgen. Der richtige Zeitpunkt dafür orientiert sich am Termin des Audits nicht am Termin der Fertigstellung des Verfahrens. Rechtzeitig wäre eine Information der Teilnehmer drei bis vier Wochen vor dem Durchführungsstart.

V=Vorbereitung D=Durchführung	TN 1 Zeitplan A	TN 2 Zeitplan B	TN 3 Zeitplan C
08:30 - 08:45	Begrüßung		
08:45 - 09:00	Interview		
09:00 - 09:15	Interview		
09:15 - 09:30	Interview		
09:30 - 09:45		Begrüßung	
09:45 - 10:00	D Präsentation	V Managemtgespr.	
10:00 - 10:15	D Präsentation	V Managemtgespr.	
10:15 - 10:30	V Fallstudie	Interview	
10:30 - 10:45	V Fallstudie	Interview	
10:45 - 11:00	V Fallstudie	Interview	
11:00 - 11:15	V Fallstudie	Interview	
11:15 - 11:30	V Managemtgespr.	D Managemtgespr.	
11:30 - 11:45	V Managemtgespr.	D Managemtgespr.	
11:45 - 12:00	D Managemtgespr.	V Fallstudie	
12:00 - 12:15	D Managemtgespr.	V Fallstudie	
12:15 - 12:30	D Fallstudie	V Fallstudie	
12:30 - 12:45	D Fallstudie	V Fallstudie	
12:45 - 13:00	Fachinterview	Mittagspause	
13:00 - 13:15	Fachinterview	Mittagspause	
13:15 - 13:30		Mittagspause	
13:30 - 13:45	Mittagspause		Begrüßung
13:45 - 14:00	Mittagspause	D Präsentation	V Fallstudie
14:00 - 14:15	Mittagspause	D Präsentation	V Fallstudie
14:15 - 14:30	Vorbereitung Feedback	Fachinterview	V Fallstudie
14:30 - 14:45	Feedbackgespräch	Fachinterview	V Fallstudie
14:45 - 15:00		D Fallstudie	V Managemtgespr.
15:00 - 15:15		D Fallstudie	V Managemtgespr.
15:15 - 15:30		Vorbereitung Feedback	Fachinterview
15:30 - 15:45		Feedbackgespräch	Fachinterview
15:45 - 16:00			Interview
16:00 - 16:15			Interview
16:15 - 16:30			Interview
16:30 - 16:45			Interview
16:45 - 17:00			D Managemtgespr.
17:00 - 17:15			D Managemtgespr.
17:15 - 17:30			D Präsentation
17:30 - 17:45			D Präsentation
17:45 - 18:00			D Fallstudie
18:00 - 18:15			D Fallstudie
18:15 - 18:30			Vorbereitung Feedback
18:30 - 18:45			Feedbackgespräch

Abbildung 8: *Beispielhafter Zeitplan für drei Teilnehmer, die parallel arbeiten*

1.3 Durchführung eines Management Audits

In der Durchführung eines Management Audits kommt es vor allem auf die folgenden vier Punkte an:

- Professionalität in der Umsetzung der geplanten Abläufe

- Strukturierte und standardisierte Bearbeitung aller Bausteine

- Konzentrierte, an Ehrlichkeit und Fairness ausgerichtete Einschätzung der Leistungen

- Respektvoller, aufmerksamer und wertschätzender Umgang mit den Teilnehmern

Die Reihenfolge der Nennung stellt keine Hierarchie dar. Alle vier Punkte müssen gewährleistet sein, damit die Basis für eine erfolgreiche Durchführung gegeben ist, die die inhaltlichen Ziele und die Ziele auf der Ebene der sozialen Akzeptanz erreicht.

Der Nutzen großer Sorgfalt in Konzeption und Organisation eines Management Audits zahlt sich in der Durchführung aus. Je detaillierter und stringenter alle Abläufe strukturiert sind und je klarer allen Beteiligten ist, was wann geschieht und wer wann was zu tun hat, desto eher und desto schneller können Ruhe und Sicherheit eintreten. Sie sind eine wesentliche Voraussetzung dafür, dass sich sowohl Teilnehmer als auch Interviewer und Einschätzer auf ihre eigentlichen Aufgaben konzentrieren können. Insbesondere Teilnehmer haben einen Anspruch darauf, dass ihnen diese Ruhe und Sicherheit gegeben werden. Denn es sollte nicht aufgrund eines Durcheinanders im Rahmen der Durchführung dazu kommen, dass Defizite in Leistung und Verhalten entstehen, die schließlich in der Einschätzung als Fähigkeitsdefizite bewertet werden.

Wie im Kapitel „Grundlagen" dargelegt wurde, ist ein typisches, wenn auch nicht notwendiges Charakteristikum, das dazu führt ein Potenzialeinschätzungsverfahren Management Audit zu nennen, die Prüfung einer größeren Anzahl von Führungskräften, häufig im Zusammenhang mit tief greifenden Veränderungsprozessen im Unternehmen. Die Sensibilität solcher Situationen, die häufig sehr angespannte und für Ungerechtigkeiten jeder Art empfindliche Stimmung unter den Führungskräften einerseits, aber auch die Notwendigkeit einer möglichst objektiven Bewertung andererseits verlangen, dass an alle Kandidaten die gleichen Anforderungen gestellt werden. Daher ist es für die seriöse Durchführung eines Audits ausgesprochen wichtig, dass alle Bausteine sehr strukturiert und standardisiert durchgeführt werden. Interviews sollten einem klaren Leitfaden folgen, der sicherstellt, dass die gleichen Themen angesprochen werden, dass bei jedem Kandidaten in etwa gleich viel Zeit für die einzelnen Themen zur Verfügung steht und dass vergleichbare Fragen gestellt werden. Da es sich um ein dynamisches Geschehen handelt, kann die Standardisierung in der Regel nicht weiter gehen. Denn der Interviewer muss auf die Antworten seines jeweiligen Gesprächspartners eingehen, muss in manchen Gesprächen an bestimmten Stellen intensiver nachfragen, an anderen weniger. Trotzdem sollte die Standardisierung der Gespräche so weit wie möglich eingehalten werden, um eine vergleichbare Bewertungsgrundlage für alle Teilnehmer zu gewährleisten.

Dasselbe gilt für weitere Bausteine. Vergleichsweise hoch standardisierbar sind dabei Präsentationsaufgaben und Fallstudien, weil sie in der Regel eine für alle Kandidaten identische Aufgabenstellung beinhalten, die schriftlich fixiert ist und allen ausgehändigt wird. Hier ist es vor allem wichtig, darauf zu achten, dass keine zusätzlichen Informationen an einzelne Kandidaten gegeben, anderen aber vorenthalten werden und dass die Zuhörer und Bewerter sich im Rahmen des Vortrags der Ergebnisse einheitlich verhalten. Üblicherweise gibt es im Anschluss an eine Präsentation oder Fallstudiendarstellung Nachfragen und Diskussionen. Auch hier muss einerseits Flexibilität möglich sein, andererseits sollte weitestgehend definiert sein, wann und in welcher Intensität Nachfragen gestellt werden. Sie sollten stets darauf gerichtet sein, herauszuarbeiten, ob Teilnehmer wichtige Einschätzungen und Ergebnisse, die nicht oder nicht klar genug herausgearbeitet wurden, dennoch auf Nachfragen hin liefern können oder ob die Fragestellungen nicht entsprechend gründlich durchdacht wurden. Wenn Simulationen wie Mitarbeiter- oder Verhandlungsgespräche durchgeführt werden, ist es wichtig, dass die jeweiligen Gesprächspartner klaren Vorgaben folgen und die Gespräche für die Teilnehmer eine vergleichbare Schwierigkeit haben. Diesen Anspruch zu erfüllen ist nicht so einfach, weil es sich auch hier um ein sehr dynamisches Geschehen handelt, in dem ein Rollenspieler auf die Gesprächsführung des Kandidaten reagieren muss und nicht immer identische Einwürfe oder Argumente einbringen kann. Hier ist es wichtig, erfahrene Personen mit dieser Rolle zu betrauen, die einschätzen können, welche Möglichkeiten im Gespräch verfügbar sind, um vergleichbare Schwierigkeiten herzustellen.

Die Qualität von Management Audits manifestiert sich jedoch letztlich in den getroffenen Einschätzungen. Alle Vorsorge für strukturierte, standardisierte und wohl organisierte Abläufe nützen wenig, wenn die zentrale Arbeit der Einschätzer, unterstützt von gut aufbereiteten Instrumenten, nicht mit der notwendigen Konzentration und Sorgfalt sowie einem dezidierten Bemühen um Exaktheit und Fairness geleistet wird. Es wurde schon darauf hingewiesen, dass häufig wenig Zeit zur Verfügung steht, um die Leistung einzelner Teilnehmer in einzelnen Bausteinen zu bewerten. Oft liegt die verfügbare Zeit bei zehn bis fünfzehn Minuten. Hier profitieren Einschätzer selbstverständlich von Erfahrung. Je häufiger jemand eine entsprechende Beurteilungsaufgabe wahrnimmt, desto besser lernt er, die Situation sehr genau und differenziert zu betrachten, wichtige Hinweise auf Stärken und Defizite schnell zu erkennen und sie angemessen den verschiedenen Einschätzungskriterien zuzuordnen. Auch die angemessene Einstufung einer Leistung auf der vorgesehenen Skala gelingt mit Erfahrung immer besser. Aber Erfahrung ist hier wie auch andernorts nicht alles. Es besteht immer die Gefahr, dass Erfahrung zur Routine, wenn nicht sogar zu Automatismen führt, die nicht immer hilfreich sind.

Immer wieder müssen Personen neu an die Einschätzungsaufgabe herangeführt werden, haben also schlicht keine oder nur wenig Erfahrung mit der Beurteilung von Leistungen. Daher ist es von größter Bedeutung, dass die Beurteilungsinstrumente und auch die Moderation von Abstimmungsprozessen zwischen Einschätzern diesen immer wieder eine sehr differenzierte Erläuterung und Begründung ihrer Meinungen abverlangt und zu einer Offenlegung unterschiedlicher Wahrnehmungen führt, die dann eine Diskussion und in aller Regel auch eine Konsensbildung ermöglicht. Weder eine schnelle, aus der Routine geborene Bewertung noch die spontane Einschätzung eines wenig geübten Beurteilers allein sind hilfreich, sondern erst durch die Zusammenstellung eines Teams, in dem ausreichend erfahrene Einschätzer vorhanden sind und zugleich die Diskussion und Abstimmung über Wahrnehmungen und Bewertungen sichergestellt sind, werden qualitativ hochwertige Ergebnisse ermöglicht. Diese Abstimmung über Wahrnehmungen und Bewertungen muss bereits vor der Durchführung des Audits beginnen und eine ausreichende Sicherheit der Einschätzer in den Instrumenten und den Prozessen der Urteilsbildung gewährleisten.

Eine andere, bereits genannte notwendige Bedingung für eine gelungene Durchführung eines Management Audits bezieht sich auf den Umgang mit den Teilnehmern. Dieser Umgang muss von Respekt, Aufmerksamkeit und Wertschätzung geprägt sein. Dafür gibt es im Wesentlichen zwei Arten von Gründen, ethische und eher pragmatische Gründe.

Aus ethischer Sicht gelten zum einen selbstverständlich alle Grundsätze, die sich aus der Achtung der Würde des Einzelnen ergeben. Es ist alles zu unterlassen, was Teilnehmer unter unangemessenen Stress setzt, sie in eine peinliche, ihre persönliche Integrität bedrohende oder verletzende Lage bringt und ihre individuellen Grenzen der Offenheit und der Belastbarkeit nicht respektiert. Insbesondere ist es unzulässig, durch Fragen und Aufgabenstellungen in persönliche und mit den Managementaufgaben in keinem erkennbaren Zusammenhang stehende Bereiche des Einzelnen vorzudringen. Aber die Ethik setzt nicht nur Grenzen beim Umgangs mit Teilnehmern, sondern sie gebietet auch einen gewissen Umgang mit ihnen. Es ist hier nicht der Raum, um über grundsätzliche Fragen der Ethik, insbesondere der Begründung ethischer Grundsätze und sittlicher Urteile, nachzudenken. Doch unabhängig davon, ob diese Begründung von unumstößlichen Prinzipien ausgeht, die jedes menschliche Verhalten leiten sollten oder von Ausgleichsgedanken im menschlichen Miteinander ausgegangen wird, jeder Teilnehmer sollte von den durchführenden Personen so behandelt werden, wie sie selbst behandelt werden wollten, wenn sie in der Rolle eines Teilnehmers wären. Aus dieser Perspektive ergeben sich als Mindestanforderung die besondere Aufmerksamkeit für jeden Einzelnen, die Wertschätzung seiner Stärken und Leistungen sowie der respektvolle Umgang mit ihm, insbesondere angesichts von Schwächen und Fehlern. Mit besonderer Wachsamkeit ist zu berücksichtigen, dass die Prüfungssituation eine Abhängigkeitsbeziehung zwischen Prüfern und Geprüften herstellt. Insofern kann man von einer besonderen Sorgfaltspflicht der Durchführenden ausgehen. Sie müssen sich permanent dieser besonderen Beziehungsdynamik bewusst sein und die ihnen durch ihre Rolle verliehene Macht ausschließlich im Sinne der Zielsetzung des Verfahrens einerseits sowie der moralischen Verantwortung für die in ihrer Abhängigkeit stehenden Personen andererseits einsetzen. Schließlich ist zu bedenken, dass die Durchführenden insofern eine Gesamtverantwortung für das Unternehmen und dessen Management haben, als ihr Vorgehen dazu beitragen soll, die Leistungsfähigkeit des Managements und damit schließlich den Wert des Unternehmens zu steigern. Wenn sie aber im Umgang mit den Teilnehmern irritieren, verletzen und Geringschätzung vermitteln, werden sie dem Unternehmen Schaden zufügen, da sie die Bindung der Führungskräfte an das Unternehmen lösen und deren Motivation und Loyalität untergraben.

Ganz pragmatisch ist darüber hinaus zu bedenken, dass die Teilnehmer an Management Audits den gesamten Durchführungsprozess mitgestalten und dass ihre aktive Beteiligung und Unterstützung erforderlich ist, um zu angemessenen und zutreffenden Einschätzungen zu gelangen. Wenn eine Atmosphäre der kühlen und distanzierten Begutachtung hergestellt wird, erzeugt sie in der Regel eine entsprechende Reaktion auf Seiten der Teilnehmer. Sie werden sich unsicherer und eher bedroht fühlen und dem entsprechend einen nicht unerheblichen Teil ihrer Aufmerksamkeit darauf verwenden, eine ihnen sicher erscheinende Position einzunehmen. Das geht fast immer mit einem Verlust an Offenheit und mit einer reduzierten Aufmerksamkeit für die inhaltlichen Anforderungen einher. Beides kann nicht wünschenswert sein.

2.   Bausteine in Management Audits

2.1   Interview

Man kann auch ohne tieferen Einblick in die Gestaltung von Management Audits vermuten, dass die Palette der Fragen, die in Interviews im Rahmen von Management Audits gestellt werden, sehr breit ist. Es ist weitgehend von der Zielsetzung und dem Konzept des Audits abhängig, welche Themenschwerpunkte in einem Interview gesetzt werden.

Nicht selten werden auch in Management Audits Interviews auf klassische Weise angegangen, das heißt über den Lebenslauf des Teilnehmers. Hier werden dann die wichtigsten Stationen angesprochen, um zu hinterfragen, welche konkreten Erfahrungen jemand gemacht hat. Dabei kommt es zum einen auf Fakten an. Man will sich ein Bild machen über verantwortete Budgets, über Themen, Aufgaben, Projekte, mit denen jemand intensiver betraut war und über den Umfang der Mitarbeiterverantwortung. Daraus ergibt sich relativ schnell für den Interviewer ein Bild über die wesentlichen Kompetenzschwerpunkte der bisherigen Tätigkeit.

Je nach Zielsetzung des Audits sind solche Hintergrundinformationen mehr oder weniger wichtig. Wenn es um konkrete Besetzungsabsichten geht und bestimmte, definierte Positionen zur Diskussion stehen, wird es wichtiger sein, die Erfahrung genauer zu bestimmen, die jemand gesammelt hat. In anderen Fällen, beispielsweise einer Einschätzung des Managementpotenzials und des Entwicklungsbedarfs für übergeordnete Managementaufgaben bzw. der individuellen Ausprägungen wichtiger persönlicher und sozialer Kompetenzen, wird man weniger auf den Erfahrungshintergrund schauen und sich viel intensiver mit der Person beschäftigen.

2.1.1   Wozu dienen Interviews?

Vermutlich wird die Mehrzahl der Menschen sagen, Interviews dienen im Rahmen der Personaldiagnostik dazu, herauszufinden, was jemand kann. Tatsächlich aber sind Interviews hierzu vergleichsweise ungeeignet. In Interviews werden vielmehr Beschreibungen, Sichtweisen, Meinungen, Einschätzungen und Bewertungen, Einstellungen und Absichten hinterfragt. Wenn nach jemandes Erfahrungen gefragt wird, ist die Antwort eine Darstellung dieser Erfahrungen aus Sicht des Teilnehmers. Wird nach Fakten gefragt, stellt die Antwort die Wahrnehmung der Fakten durch den Teilnehmer dar und wenn nach Fähigkeiten und Fertigkeiten gefragt wird, basiert die Antwort auf der Einschätzung der Fähigkeiten und Fertigkeiten durch den Gefragten. In Interviews spricht man mit Menschen über ihre Sicht der Dinge. Das heißt, der Interviewer kann sehr gut herausarbeiten, wie jemand seiner Meinung nach vorgehen würde, um ein bestimmtes Problem zu lösen oder worin seiner Einschätzung nach sein Beitrag zur Bewältigung einer Aufgabe in der Vergangenheit bestand. Er erfährt aber nicht, ob der Gesprächspartner tatsächlich in der Lage ist, das Problem in der dargestellten Weise zu lösen und worin der Beitrag zur Bewältigung der Aufgabe tatsächlich bestand. Das Interview beleuchtet vor allem die Kognition des Teilnehmers, kann sehr gut das Wissen über bestimmte Themen und die subjektive Sichtweise, das Bewusstsein, das Denken über bestimmte Dinge und über eigene Fähigkeiten abfragen, diese Fähigkeiten selbst aber nicht gut direkt erfassen.

Dem entsprechend legen viele Interviewer im Gespräch den Schwerpunkt auf Aspekte des Wissens sowie auf die Reflexion des Kandidaten. Sofern bestimmte inhaltliche Kenntnisse wichtig sind, ist das Interview eine sehr gute Methode, um entsprechendes Wissen zu überprüfen. Beispielsweise können Markt- und Produktkenntnisse, Wissen über betriebswirtschaftliche Zusammenhänge oder über technische und logistische Möglichkeiten in einem bestimmten Segment hinterfragt werden – sofern der Interviewer selbst etwas davon versteht. Darüber hinaus werden Interviewer vor allem Wert darauf legen, einen Eindruck von der Tiefe, dem Differenzierungsgrad und der Stimmigkeit seines Verständnisses zu bekommen. Es gibt eine Reihe von Themen, bei denen es weniger darauf ankommt, einen ganz bestimmten Kenntnisstand zu haben, als vielmehr darum ein strukturiertes Verständnis, eine dezidierte Auffassung und eine eigene Meinung zu haben. Solche Themen werden im Interview mit Sicherheit angesprochen (s. dazu weiter unten).

Nun ist es aber nicht so, dass das Interview völlig ungeeignet ist, Fähigkeiten einzuschätzen. Doch diese Fähigkeiten werden nicht besprochen, sondern es wird beobachtet, wie jemand mit der Herausforderung des Interviews umgeht. Ein Interview ist eine sehr spezifische, aber eben doch eine kommunikative Situation. Daher werden vor allem viele Aspekte der sozialen und persönlichen Kompetenzen eines Kandidaten deutlich und sie werden hier auch sehr genau beobachtet und bewertet. Neben den inhaltlichen Aspekten bietet das Interview die Möglichkeit, sehr sensibel auf den Interviewer zu reagieren, genau zuzuhören, um die Zielrichtung seiner Fragen und die Intentionen zu erkennen, mit denen er bestimmte Themen anspricht und entsprechend treffend darauf zu reagieren. Im Interview kann Kontaktstärke ebenso deutlich gemacht werden wie Ausdrucksfähigkeiten, Dynamik im Auftreten, Engagement und Motivation. Auch die Fähigkeit, sich an die Situation und ihre Rahmenbedingungen anzupassen und sie zugleich für sich zu nutzen, kann ein Kandidat deutlich machen. Hierzu bedarf es der angemessenen Einschätzung der Rollen von Interviewer und Interviewtem in dieser Gesprächssituation und der Fähigkeit, sich auch als Interviewter Spielraum und aktive Mitgestaltung zu erarbeiten. Es besteht durchaus die Möglichkeit, in der Beantwortung von Fragen eigene Schwerpunkte zu setzen und Interesse für neue Impulse beim Interviewer zu wecken. Es ist sicher nicht angemessen, ein Interview als reine Frage-Antwort-Stunde zu verstehen, in der die Rolle des Kandidaten darauf beschränkt ist, eine Frage nach der anderen zu beantworten. Sicherlich wird es nie dazu kommen, dass ein Interview ein ausgewogenes Gespräch wird, in dem beide Seiten gleich viele Fragen stellen und die Gesprächsführung mal hier und mal dort liegt, aber es bietet viele Möglichkeiten, sich zu positionieren, inhaltliche Klarheit und Differenzierung sowie ausgeprägte Strukturierungsfähigkeiten deutlich zu machen und überzeugend aufzutreten. Dazu verhelfen im Wesentlichen folgende Verhaltensweisen:

- **Kontakt herstellen**: Es ist wichtig, dem Interviewer offen zu begegnen, engagiert in das Gespräch hineinzugehen, die Bereitschaft zu signalisieren, das Interview zu führen und sich auf den anderen einzulassen.

- **Aufmerksamkeit schärfen und präzise Aussagen machen**: Kommunikation beginnt für den Teilnehmer an einem Interview mit genauem Zuhören. Der Interviewer wird vermutlich zu Beginn die Bedeutung des Gesprächs einordnen, wird seine Ziele und sein Vorgehen erläutern etc. Diese Informationen sollte man sehr aufmerksam aufnehmen und diese Aufmerksamkeit auch deutlich machen. Insbesondere aber bei den jeweiligen Fragen ist es wichtig, genau darauf zu achten, worin der Kern der Frage besteht und schnell und präzise die Antwort auf diesen Punkt zu bringen. Kaum etwas ist im Interview schädlicher, als den Interviewer wiederholt zu Nachfragen zu zwingen, weil die Antwort nicht klar ist oder den entscheidenden Punkt nicht trifft.

- **Differenzierung und Strukturierung zeigen**: Viele Fragen werden sehr offen gestellt und bieten die Möglichkeit, ein Thema nach eigenem Verständnis zu strukturieren und darzustellen. Diese Möglichkeit ist aber in der Regel zugleich eine Aufforderung, eben dieses zu tun. Wenig hilfreich ist es daher, auf offene Fragen mit der Erläuterung eines einzelnen, mehr oder weniger wahllos herausgegriffenen Teilaspekts zu reagieren und es dabei bewenden zu lassen. Entscheidend ist bei solchen Fragen, schnell deutlich zu machen, dass man die wesentlichen Facetten des angesprochenen Themas sieht, sie in kurzer Übersicht anzusprechen und dann entweder alle in der entsprechenden Kürze oder einzelne mit einer entsprechenden Begründung etwas ausführlicher zu besprechen. Im Interview ist jede offene Frage eine Chance, die eigenen Sichtweisen zur präzisen, die Komplexität vermittelnden und zugleich strukturierenden Kommunikation deutlich zu machen. Sie wird vertan, wenn man sich in Details verliert, keine Übersicht herstellt oder bei Allgemeinplätzen bleibt.

- **Rückfragen stellen und Feedback im Gespräch einholen**: Es ist sinnvoll, sich beim Interviewer zu vergewissern, ob man eine Frage in seinem Sinne verstanden hat und ob die Antwort das beinhaltete, worauf es ihm mit der Frage ankam. Man sollte das sicherlich nicht bei jeder Frage tun, aber bei augenscheinlich wichtigen Fragen und solchen, die man in der Tat so oder auch so verstehen kann, ist es sehr angeraten. Solche Nachfragen vermitteln sowohl den Eindruck einer hohen Aufmerksamkeit und genauen Zuhörens als auch das Interesse, dem Interviewer mit den eigenen Ausführungen Antworten auf die Punkte zu geben, die ihn am meisten interessieren. Zudem verschafft es Sicherheit, wenn man ein Feedback darüber erhält, ob man den Kern der Sache getroffen hat. Wenn dies nicht der Fall ist, erarbeitet man sich die Möglichkeit, im zweiten Anlauf zu treffen.

■ Auf eine positive Gesprächsatmosphäre achten: Auch als Teilnehmer kann man erheblich dazu beitragen, wie sich die Atmosphäre im Interview entwickelt. Es ergeben sich immer Gelegenheiten, zum Teil bieten Interviewer sie auch bewusst an, um jenseits inhaltlicher Diskussionen mit Humor, persönlichen Anmerkungen oder spontanen Reaktionen auf situative Gegebenheiten das Gespräch aufzulockern, den Kontakt zum Gesprächspartner wieder lebhafter zu gestalten und zugleich die Atmosphäre positiv zu beeinflussen. Dies hat neben dem Effekt, dass eine positive Atmosphäre vermutlich auch dem Interviewer angenehmer ist, auch die Folge, darüber die eigene Fähigkeit deutlich machen zu können, auch in konzentrierten Gesprächssituationen Gelassenheit zu bewahren.

■ Die Persönlichkeit vermitteln: Manche Interviews enden mit dem Eindruck, nicht hinter die Fassade des Kandidaten geschaut zu haben. Das mag Letzteren unter Umständen auf Anhieb froh stimmen, wird aber eher dazu führen, dass man ihn weiterhin kritisch betrachtet. Denn der Wunsch derjenigen, die ein Audit durchführen, hinter die Fassaden zu schauen, ist ebenso groß wie nachvollziehbar. Zweifellos können Interviewer durch die Art und Weise ihres Umgangs mit Kandidaten erheblichen Einfluss darauf nehmen, ob diese lieber die Fassade aufrechterhalten oder sich einem offenen Gespräch stellen. In manchen Fällen, in denen Interviews eher Verhören gleichen, ist das Bedürfnis, sich zu schützen sehr verständlich. In den Fällen aber, in denen Interviewer ein offenes und faires Gespräch anbieten und tatsächlich zu führen bereit sind, wirken Verschlossenheit und Distanz in mehrfacher Hinsicht schädlich: Zum Ersten verschlechtert sich schnell die Atmosphäre im Gespräch, das zäh, mühsam und uninspiriert verläuft. Zum Zweiten führt es inhaltlich nur selten zu den Tiefen, die angestrebt werden, so dass die Bewertung der inhaltlichen Dimensionen schlechter ausfällt. Zum Dritten bleibt der Eindruck mangelnder Kontaktstärke, fehlender Offenheit und schwacher Kommunikation zurück und zum Vierten kann die Persönlichkeit des Kandidaten nicht zur Wirkung kommen bzw. wird sogar fehleingeschätzt. Die Einschätzungen von Extraversion, Emotionaler Stabilität, Offenheit und Verträglichkeit, um nur einige anerkannte Persönlichkeitsdimensionen zu nennen, leiden sicherlich unter der Aufrechterhaltung einer distanzierten, kühlen Grundhaltung. Sie wirkt auf den Gesprächspartner wie eine Fassade, die die eigentlichen Erkenntnisse und Begegnungen verhindern soll. Es ist sinnvoll, die eigene Persönlichkeit im Interview nicht zu verstecken, sondern sie zu zeigen, weil in ihr die Stärken liegen, mit denen man überzeugen und für sich einnehmen kann. Und die Einschätzungen zur Person werden mit Sicherheit insgesamt positiver ausfallen, wenn die Einschätzer eine offene Begegnung und differenzierte Auseinandersetzung des Kandidaten mit sich selbst erleben.

■ Reflexion und Selbstreflexion vermitteln: Im Sinne der oben dargestellten grundsätzlichen Ausrichtung des Interviews auf das Denken, die Einstellungen, Grundhaltungen, Motive Bewertungen und andere kognitive Aspekte, ist es nur logisch, sich als Teilnehmer vor allem durch die Fähigkeit zur Reflexion und Selbstreflexion auszuzeichnen. Mangelnde Differenzierung in der Bewertung von Sachverhalten, unkritische, schnell gefällte Urteile, fehlende Distanz zur eigenen Sichtweise und ihren Beschränkungen und mangelnde Bereitschaft oder Fähigkeit, eigene Fehler zu erkennen und aus ihnen zu lernen, führen typischerweise zu einer eher kritischen Betrachtung eines Kandidaten. Selbstverständlich sind in Managementpositionen keine Zauderer und Skrupulanten gesucht, die fortwährend sich und alles um sich herum in Frage stellen und nicht zu Entscheidungen und zum Handeln kommen. Ein reifer Manager sollte über beide Seiten, die differenzierte Reflexion und das entschlossene Handeln, in ausgeprägtem Ausmaß verfügen. Aber: Das Interview bietet eher die Gelegenheit, die Fähigkeit zur Reflexion und kritischen Betrachtung deutlich zu machen als die Gelegenheit, Entscheidungsstärke und Handlungskompetenz zu zeigen – wenngleich auch das in gewissem Ausmaß möglich ist (s. dazu den nächsten Punkt). Dennoch sollte ein professionelles Audit dafür weitere Bausteine bereithalten.

■ Position beziehen: Am Ende eines Interviews sollte klar sein, wo der Teilnehmer steht – im Hinblick auf die wichtigen inhaltlichen Fragestellungen und im Hinblick auf die Einstellung zu den entscheidenden Management- und Führungsfragen. Viele Fragen verlangen eine Entscheidung für die eine oder andere Vorgehensweise, für oder gegen bestimmte Methoden, für Prioritäten und nicht zuletzt für bestimmte Werte. Diesen Entscheidungen sollte ein Kandidat nicht ausweichen, sondern sie dezidiert und wohl begründet fällen und erläutern. Das Interview soll Klarheit darüber herstellen, was jemand will oder bevorzugt, wie er bestimmte problematische Fälle angehen und lösen würde und welche Strategien er anwendet, um Ziele zu erreichen und Ergebnisse sicherzustellen. Darüber hinaus bietet sich hier die eben angesprochene Gelegenheit, die Fähigkeit deutlich zu machen, Entscheidungen zu fällen und klar zu vertreten.

2.1.2   Interviewthemen

Wie schon eingangs erwähnt, können im Interview sowohl wichtige Aspekte des beruflichen Erfahrungsprofils erfragt werden als auch Schwerpunkte im Hinblick auf die Person des Teilnehmers und seine Haltung zu wichtigen grundsätzlichen Management- und Führungsfragen im Besonderen gesetzt werden.

Das berufliche Erfahrungsprofil

Wenn es um das berufliche Erfahrungsprofil geht, wird meistens eine Reihe der folgenden Aspekte differenziert hinterfragt:

■ Persönliche Schwerpunktthemen:

Es ist wichtig zu wissen, für welche Themen jemand steht. Das heißt: Gibt es Dienstleistungs- oder Produktschwerpunkte, spezifische Branchenkenntnisse, bestimmte Arten von Projekten, die durchgeführt wurden, fachliche Themen, die jemand in besonderer Weise und besser als viele Andere beherrscht? Für die Vorbereitung auf ein Audit folgt daraus: Jeder sollte sich darüber klar werden, was seine besonderen Themen sind. Wo ist er besser informiert, differenzierter im Thema und treffsicherer in Einschätzungen und Entscheidungen als viele Andere? Bei jedem Teilnehmer gibt es etliche Themengebiete, mit denen er bisher nichts oder nur wenig zu tun hatte, inhaltliche Fragestellungen, zu denen er kein oder nur wenig Wissen aufbauen konnte. Wenn entsprechende inhaltliche Kenntnisse für eine bestimmte Position wichtig sind oder generell erwartet werden, liegen damit selbstverständlich Defizite vor. Damit sollten Teilnehmer insofern professionell umgehen, als sie nicht versuchen sollten, sie zu vertuschen oder erste, nur bruchstückhafte Erfahrungen bzw. rudimentäres Wissen als ausgeprägte Kenntnisse darzustellen. Erfahrene Interviewer wissen, wie sie die Tiefe von Wissen und Erfahrungen genauer hinterfragen können, und wenn dabei die zunächst kaschierten Schwächen offenbar werden, wird die Einschätzung insgesamt kritischer ausfallen, als wenn der Teilnehmer auch über geringe Kenntnisse offen spricht, aber deutlich macht, dass er bereit und in der Lage ist, sich auch in neue Themen einzuarbeiten. Wenn eine solche Lernphase zu lange dauern oder zu viel Energie beanspruchen würde und daher nicht sinnvoll ist, dürfte es auch im Sinne des Kandidaten sein, mit einer Verantwortung, die solche Kenntnisse voraussetzt, nicht betraut zu werden. Die Risiken des hohen Drucks und Stresses sind für den Betroffenen erheblich und die Gefahr des Scheiterns und der damit verbundenen früher oder später zu erwartenden Demontage innerhalb des Unternehmens ist sehr groß.

■ Verantwortete Umsätze und/oder Budgets:

Je nach Art der bisherigen Tätigkeiten haben Führungskräfte in ihrer bisherigen Karriere Umsatzverantwortung und/oder die Verantwortung für Budgets gehabt. Hier kommt es neben dem Interesse an den Größenordnungen vielen Interviewern auch darauf an, wie differenziert und wie sicher jemand entsprechende Businessdaten aus seinen Verantwortungen parat hat. Für Kandidaten ist es wichtig, bei entsprechenden Nachfragen die wichtigsten Zahlen zu kennen. Besonders wichtig ist in diesem Zusammenhang, dass die jeweils konkrete, individuelle Verantwortung benannt werden kann. Hier geht es nicht um das „Wir", sondern um das „Ich". Jeder Interviewer wird genau nachfragen, worin die spezifische persönliche Verantwortung bestand. Man sollte dem entsprechend im Vorfeld genauer überdenken, für welche (Teil-)Budgets man tatsächlich selbst verantwortlich war. Bei Fragen nach den persönlichen Umsatz- oder Budgetverantwortungen sollte man keine Teamfähigkeit demonstrieren, sondern Ich-Stärke und Selbstvertrauen, aber auch Klarheit und Dokumentierbarkeit der dargestellten Verantwortung.

■ Projektmanagementerfahrung:

In zunehmendem Maße werden von Führungskräften Fähigkeiten in der Leitung von Programmen und/oder Projekten erwartet. Dabei spielen neben den bereits genannten Faktoren die Komplexität und die Relevanz der Projekte für das Unternehmen eine Rolle. Auch hier sind wieder Projektbudgets, die verantwortet wurden, ein wichtiger Indikator für die Größe der Verantwortung. Aber auch die Dauer der Projekte, die Untergliederung in Teilprojekte und die Anzahl der Projektmitarbeiter gelten als Informationen, mit deren Hilfe die Komplexität von Projekten einzuschätzen ist. Es ist für Teilnehmer dem entsprechend wichtig, sich während der Vorbereitung dazu Gedanken zu machen und diese Informationen im Gespräch liefern zu können. Die Fähigkeit, in einem Interview die Struktur verantworteter Projekte oder Programme differenziert und dennoch in einem kurzen Überblick nachvollziehbar darstellen zu können, vermittelt neben der Information über die Projektmanagementerfahrung auch einen Eindruck über das Strukturierungsvermögen eines Teilnehmers. Dieses Strukturierungsvermögen ist in fast allen Kriterienkatalogen eine der wichtigsten Basiskompetenzen und hat im Profil einen entsprechenden Stellenwert als Kompetenz, die für Projektmanagementaufgaben besonders wichtig ist.

Auch die Erfahrung mit Methoden der Planung und Organisation von Projekten sowie in der Verwendung von Projektmanagementtools wird hinterfragt. Dabei kommt es erneut darauf an, sich an die Wahrheit zu halten. Denn auch hier wird nachgefragt und Schwächen werden aufgedeckt.

■ Führungsverantwortung:

Die Besprechung der Art und des Umfangs bisheriger Führungsverantwortung stellt einen weiteren Erfahrungsbereich dar, der regelmäßig hinterfragt wird. Leider wird zu häufig ausschließlich auf Daten und Fakten vertraut: Wer hat wie lange für wie viele Mitarbeiter über wie viele Hierarchiestufen hinweg Verantwortung übernommen? – Welche Fähigkeiten will man aus diesen Daten wirklich herauslesen? Vielleicht den Mut zur Verantwortungsübernahme für Menschen und ihre Leistung oder die Bereitschaft, für Dinge gerade zu stehen, die im eigenen Verantwortungsbereich geschehen, aber nicht immer direkt beeinflussbar sind. Aber über die Art und Qualität der Führung von Mitarbeitern wird man anhand solcher Daten wenig erfahren, und die Tatsache, dass jemand Menschen geführt hat, selbst wenn es viele waren, sagt nichts darüber aus, wie gut er es gemacht hat. Nicht wenige Führungskräfte betrachten die Führungsaufgabe eher als Begleiterscheinung der eigenen Karriere, weniger als zentrale Aufgabe, der sie sich mit der entsprechenden Aufmerksamkeit und Konsequenz widmen.

Die wesentliche Aufgabe des Interviews besteht im Hinblick auf die Führungsverantwortung darin, herauszuarbeiten, wie wichtig dem Teilnehmer die Führung von Mitarbeitern ist, wie differenziert er um die Erfolgsfaktoren in der Führungsverantwortung weiß und wie systematisch und konsequent er die Zielausrichtung, die Motivation und die Ergebnisorientierung der Mitarbeiter fördert. Dazu werden häufig genaue Nachfragen gestellt, Beispiele erfragt und konkrete Auffassungen sowie bevorzugte Vorgehensweisen zu bestimmten, schwierigen Führungskonstellationen erfragt.

Der Mensch

Vielen Interviewern geht es im Interview vorrangig darum oder es ist ihnen zumindest wichtig, „den Menschen kennen zu lernen". Das kann vieles bedeuten! Und letztlich ist es schwer vorhersehbar, was ein Interviewer darunter im Einzelnen versteht. Den meisten geht es dabei eher um die Art, wie sich jemand gibt als darum, wie er innerlich konstituiert ist. Eine differenzierte Persönlichkeitsanalyse findet in den seltensten Fällen statt und übersteigt auch bei weitem die Kenntnisse und Fertigkeiten vieler Interviewer. Auch kann allein aufgrund einer Persönlichkeitsbeschreibung keine Aussage über den zu erwartenden Erfolg in bestimmten Funktionen getroffen werden. Wenn im Rahmen von Interviews systematisch auf die Persönlichkeit eines Teilnehmers im Sinne des psychologischen Persönlichkeitsbegriffs eingegangen wird, setzt dies den Einsatz eines seriösen Persönlichkeitsfragebogens im Vorfeld und dessen Auswertung von dafür ausgebildeten Menschen voraus, die dann auch das Interview führen müssten. Zu Persönlichkeitsinventaren im Rahmen von Management Audits wird später noch differenziert Stellung genommen. Wenn deren Ergebnisse im Rahmen von Interviews eingesetzt werden, dann in der Regel so, dass den Teilnehmern die Ergebnisse in Kurzform während des Gesprächs zurückgemeldet werden und mit ihnen besprochen wird, ob sie sich in diesen Ergebnissen wiederfinden oder sich nicht angemessen beschrieben fühlen. Es werden die Elemente herausgearbeitet, die sowohl im Fragebogen als auch in der direkten Selbstbewertung des Teilnehmers eine bestimmte Ausprägung haben und daher als zutreffend betrachtet werden können. Dadurch erhält man die Möglichkeit, einige Persönlichkeitsaspekte zu identifizieren, die den Menschen, mit dem man es zu tun hat, beschreiben, und von deren Gültigkeit man ausgehen kann.

Häufig allerdings findet das Kennenlernen des Menschen ohne Persönlichkeitsdiagnostik im professionellen Sinne statt. Obwohl vielen die Vorstellung, im Rahmen eines Audits einen Persönlichkeitsfragebogen zu bearbeiten, eher eine Gänsehaut bereitet, muss der Verzicht darauf kein Vorteil für den Teilnehmer sein. Das gilt insbesondere dann, wenn der Interviewer als Laienpsychologe seine subjektiven Modelle der Menschenkenntnis auf die Teilnehmer anwendet. Darunter gibt es zweifellos angemessene, auf langjähriger Erfahrung beruhende Annahmen und Vorgehensweisen, aber immer wieder auch wenig nachvollziehbare Vermutungen über Zusammenhänge zwischen Vorlieben oder Verhaltensweisen und der Persönlichkeit eines Menschen. Bspw. wird gern unterstellt, dass Menschen, die in ihrer Freizeit Marathonläufer sind, auch im Beruf über besonderes Durchhaltevermögen verfügen, aber absolut keine Teamplayer sind. Es ließen sich sicherlich ausreichend Gegenbeispiele finden und eine wissenschaftliche Bestätigung solcher Zusammenhänge ist mir nicht bekannt. Dann müsste wohl auch jemand, der als Hobby im Boxsport aktiv ist, sich besonders gern mit anderen auseinandersetzen und es dabei an Härte nicht mangeln lassen. Und was ist mit denen, die keinen Sport treiben? Bei allzu durchsichtigen Fragen nach Hobbys oder sportlichen Aktivitäten können Teilnehmer durchaus offensiv vorgehen und nachfragen, welche Schlüsse der Interviewer aus ihren Vorlieben zieht. Eventuell kann man auch Vermutungen darüber äußern, welche Schlüsse aus den eigenen Hobbys gern gezogen werden und gezielt Informationen beisteuern, die die entsprechenden Annahmen und Schlussfolgerungen bestätigen oder entkräften.

Jenseits der Persönlichkeitsdiagnostik im Sinne klassischer Persönlichkeitsmerkmale, sei sie professionell oder eher laienhaft, geht es beim „Kennenlernen des Menschen" zumeist um folgende Aspekte:

■ Werte:

Wenn man als Teilnehmer nach seinen persönlichen Werten gefragt wird, erscheint eine Antwort häufig besonders schwierig – weniger, weil man den Eindruck hat, man habe keine Werte, an denen man sich orientiert, sondern mehr, weil man nicht gewohnt ist, diese Werte aufzulisten und zu erläutern. Sie sind häufig implizite Leitfäden, nach denen man handelt, übernommen und erlernt im Zuge einer langen Sozialisation, eher selten aus einer bewussten Entscheidung heraus in Kraft gesetzt. Manchmal befürchten Teilnehmer wohl auch, zu platitüdenhaft zu wirken, wenn sie Werte wie Schlagworte auflisten und behaupten, sich daran auszurichten. Diese Sorge besteht auch nicht ganz zu Unrecht. Allerdings ist sie unberechtigt, wenn man die behaupteten Werte und ihre Wirkung auf das eigene Verhalten an Hand von konkreten Erläuterungen und Beispielen glaubwürdig machen kann. In aller Regel sollte man sich im Vorfeld eines Audits Gedanken über die eigenen Werte machen, denn diese Leistung ad hoc und aus der Überraschung einer entsprechenden Frage heraus zu erbringen, dürfte kaum jemandem überzeugend gelingen – es sei denn er reflektiert seine Werte und ihre Umsetzung im eigenen Leben tatsächlich in gewissen Abständen und kann im Interview auf diese Reflexion zurückgreifen.

■ Motive:

„Was motiviert Sie?" Diese Frage ist schon in so manchem Interview gestellt worden. Sie scheint auf viele Teilnehmer wie die Aufforderung zu wirken, alle Register sozial erwünschter Selbstdarstellungen zu ziehen. Die Hitliste der Nennungen wird angeführt von den neuen und größeren Herausforderungen, denen man sich stellen will, dicht gefolgt von den Erfolgen, die man erreichen konnte und von den positiven Wirkungen des eigenen Verhaltens für Kunden, Mitarbeiter oder das eigene Unternehmen. Selbstlosigkeit wohin man schaut! Antworten dieses Schlages erreichen häufig genau das Gegenteil von dem, was Teilnehmer vermutlich damit zu erreichen versuchen: Sie unterscheiden sie nicht von anderen, sie heben sie nicht heraus, sie geben ihnen kein Profil. Die simple Frage: „Und warum wollen Sie sich diesen großen, neuen Herausforderungen stellen?" oder „Was ist für Sie das Motivierende daran, sich so engagiert für das Unternehmen oder die Kunden einzusetzen?" scheint dann schon viele zu überfordern. Dabei führt ja erst diese Frage zum eigentlichen Gegenstand zurück: zu den persönlichen Motiven hinter den Vorlieben und dem Verhalten. Es ist sicher ratsam, sich intensiver mit der Frage zu beschäftigen, warum man bestimmte Dinge mag und will und andere vermeidet und nicht mag, warum man bestimme Tätigkeiten motiviert angeht und sich für seine Aufgaben mit Engagement einsetzt. Dabei muss die Frage in die Richtung gehen: Was habe ich persönlich davon? Auch wenn ich mich ganz besonders gern für Andere und Größeres einsetze – was habe ich persönlich davon? Dann ist man auf der Ebene der Motive angelangt.

Wenn man die Frage nach den Motiven in diesem Sinne vertieft, kann die Antwort allerdings mühsam und nicht immer leicht zu formulieren sein. Auch ist nicht jedes Motiv sozial hoch anerkannt. Macht zu erlangen beispielsweise kann ein tief verankertes Motiv dafür sein, durch Leistung und Einsatz Karriere machen zu wollen. Niemand wird sich aber im Interview der Machtorientierung bezichtigen. Das ist verständlich. Andererseits sind Managementpositionen in mehr oder weniger starker Ausprägung Machtpositionen. Wer die Ausübung von Macht nicht scheut, sondern sogar anstrebt, könnte hier vielleicht gerade deshalb erfolgreich sein. Macht anzustreben bedeutet nicht, Macht missbrauchen zu wollen. Es kann durchaus mutig sein, einem Interviewer das Erlangen von Macht als Motiv hinter dem eigenen Einsatz zu erläutern. Zweifellos ist es ratsam, dieses zunächst überraschende und dadurch Profil und Identität verleihende Statement einzuordnen und zu erläutern, welchen Nutzen auch Andere oder das Unternehmen davon haben werden.

■ Vorlieben und Abneigungen im Hinblick auf bestimmte Aufgaben oder Tätigkeitsbereiche:

Um eine Funktion erfolgreich und mit persönlicher Zufriedenheit ausüben zu können, sollte sie nicht allzu viele Aspekte und Aufgaben beinhalten, die man nicht mag. Das bedeutet nicht, dass man sie nicht trotzdem erfolgreich ausüben kann. Man kann durch Übung, Disziplin und Anstrengung sehr wohl in Dingen sehr gut sein, die man nicht mag. Und man muss davon ausgehen, in jeder Funktion einen gewissen Anteil solcher Aufgaben vorzufinden. Um eine möglichst stabile Basis für langfristigen Erfolg zu schaffen, ist es wichtig, die eigenen Präferenzen deutlich zu machen und mit dem Anforderungsprofil abzugleichen. Um diese Präferenzen kennen zu lernen, werden häufig im Vorfeld eines Interviews Persönlichkeitsfragebögen (s. zu Persönlichkeitsfragebögen weiter unten) eingesetzt. Sie können helfen, eine Beschreibung von Neigungen und Vorlieben im Hinblick auf unterschiedliche Arten von Aufgaben zu erstellen. Aber auch ohne den Einsatz eines professionellen Inventars ist die Diskussion der Ziele, Wünsche, Vorlieben und Abneigungen des Teilnehmers im Hinblick auf zukünftige Einsatzfelder ein wichtiges Thema. Es ist empfehlenswert, sich im Vorfeld darüber Gedanken zu machen, welche Aspekte einer zukünftigen Aufgabe einem besonders wichtig sind, ob es Bereiche gibt, in denen man sich auf keinen Fall sieht und andere, die man klar bevorzugen würde. Auch in diesem Themenkreis ist eine differenzierte Selbstreflexion und die Fähigkeit, sich klar zu positionieren für eine überzeugende Wirkung und eine positive Einschätzung sehr wichtig.

■ Denk- und Verhaltensmuster:

Für eine Prognose des Verhaltens benötigen Interviewer treffende Einschätzungen von Denk- und Verhaltensmustern. Es geht dabei um die grundlegende, sich in unterschiedlichen Kontexten wiederholende und für den Menschen typische Art und Weise, Dinge zu bewerten, zu interpretieren und das eigene Verhalten auszurichten. Beispielhafte Fragestellungen in diesem Zusammenhang sind: Neigt jemand eher zum abwartenden, sich orientierenden und reagierenden Verhalten oder eher zum offensiven, schnell das Zepter in die Hand nehmenden Auftreten? Geht jemand mit sachlichen Fragestellungen eher analytisch-rational und kritisch-differenzierend um oder eher emotional, schnell aus dem Bauch heraus bewertend und entscheidend? Denkt jemand eher abstrakt, konzeptionell, strategisch oder eher konkret, am

Sichtbaren, Messbaren und Nachweisbaren orientiert? Diese und viele andere mögliche Grundhaltungen und Präferenzen kann es in unterschiedlich starker Ausprägung geben und alle haben im Hinblick auf konkrete Anforderungen und Funktionen ihre Vor- und Nachteile. Es gibt hier kein grundsätzliches gut oder schlecht, richtig oder falsch. Aber um eine Einschätzung zu ermöglichen, welche Konstellation zu jemandem besser oder nicht so gut passt, was jemand im Hinblick auf bestimmte Anforderungen noch entwickeln und stärker herausarbeiten müsste, können sie sehr wichtig sein. Eine entsprechende Klärung ist durchaus auch im Interesse des Kandidaten.

■ Umgangsformen, Stil des Auftretens:

Die Umgangsformen werden im Interview weniger dadurch geprüft, dass man darüber spricht, wie man sich bestimmten Menschen gegenüber verhält – wobei auch das eine Rolle spielen dürfte. Vielmehr werden Interviewer und Einschätzer darauf achten, wie das Auftreten im Gespräch selbst ist. Spezifische Aspekte, auf die es hier ankommt, sind professionelle Umgangsformen, die Verbindlichkeit des Auftretens und der Kommunikation sowie die Fähigkeit, sich je nach Situation auf die Rahmenbedingungen einzustellen und das Verhalten mal eher forsch und offensiv, mal eher fragend und abwartend oder reflektierend und differenzierend zu gestalten. Teilnehmer sollten stets im Bewusstsein haben, dass im Interview und auch in anderen Aufgaben/Situationen im Rahmen eines Management Audits neben dem inhaltlichen Aspekt, neben der Sache, über die man gerade spricht, diskutiert oder referiert, immer die Art und Weise, wie man das tut, beachtet wird. Und es ist wichtig, sich klar zu machen, dass es nicht die eine Art und Weise gibt, mit der man gewinnt oder verliert, sondern dass die Kunst darin besteht, das Auftreten und die Umgangsformen flexibel an unterschiedliche Situationen und Gesprächspartner anzupassen. Die angemessene Balance zwischen Professionalität und Verbindlichkeit einerseits, Natürlichkeit und Spontaneität andererseits zu finden, ist dabei die eigentliche Herausforderung. Denn es ist immer wichtig, neben der Fähigkeit zum souveränen und beherrschten Auftreten auch das persönliche Charisma, die Überzeugungskraft und die persönliche Ausstrahlung deutlich zu machen.

■ Selbstwahrnehmung von Stärken und Schwächen:

Es gibt ganz sicher eine Frage, auf die sich alle Teilnehmer an Interviews, egal ob im Kontext von Management Audits oder in anderen Zusammenhängen, vorbereiten: die Frage nach ihren Stärken und Schwächen. Und obwohl nahezu alle Teilnehmer mit dieser Frage rechnen und die meisten sich vorher überlegen, was sie dazu sagen werden, sind die Antworten häufig überraschend unreflektiert. Die Darstellung der Stärken ist dabei vielfach noch strukturierter und klarer auf die Besonderheiten der eigenen Person abgestimmt als die der Schwächen. Fatal ist vor allem der Rekurs auf einige vermeintlich unverfängliche Schwächen. Diesen Schwächen ist gemein, dass sie zwar an der semantischen Oberfläche des Begriffs auf möglicherweise kritische Aspekte im Verhalten hinweisen, aber immer auch andere Perspektiven beinhalten, die dieselbe Eigenschaft oder Grundhaltung wiederum positiv erscheinen lassen. Das beste und am häufigsten gewählte Beispiel dafür ist die Ungeduld. Sie als Schwäche zu benennen, ist sicherlich schon deswegen nicht mehr empfehlenswert, weil sie so häufig genannt wird. Aber auch in der Sache erscheint der Begriff der Ungeduld zu ambivalent. Er vermittelt zu sehr den Eindruck, sich nicht wirklich eine Blöße geben zu wollen, weil neben dem Hinweis auf eine gewisse Unduldsamkeit im Umgang mit anderen Menschen, die in der Tat schädlich sein kann, darin auch sehr viel Engagement, Einsatzbereitschaft und Initiative anklingen, derer man sich durchaus nicht zu schämen braucht. Daher erscheint das Benennen der Ungeduld als Schwäche häufig nicht als Beleg für die Bereitschaft und die Fähigkeit, sich intensiv und kritisch mit sich selbst auseinanderzusetzen. Vielmehr werden Interviewer daraus den Schluss ziehen, dass jemand versucht, das heikle Thema der eigenen Schwächen zu umschiffen. Ähnliche Wirkungen entstehen übrigens, wenn die Frage nach den Schwächen mit Hinweisen auf den eigenen Perfektionismus, die Verbissenheit in der Verfolgung von Zielen oder die Neigung, sich zu überarbeiten, beantwortet wird. Wer in der Frage eigener Stärken und Schwächen glaubwürdig und überzeugend auftreten möchte, sollte sich ernsthaft auf sehr persönlicher, individueller Ebene damit beschäftigen. In beiden Fällen, bei Stärken wie bei Schwächen, sollte man Beispiele dafür liefern können, wie sie sich auswirken, wie man es schafft, seine Stärken gewinnbringend einzusetzen und wie man mit den eigenen Schwächen bisher umgegangen ist, um ihre Wirkung zu kontrollieren oder um sie zu überwinden. Wenn Interviewer ihre Gesprächspartner nach ihrer eigenen Wahrnehmung von Stärken und Schwächen fragen, geht es ihnen in der Regel nicht primär darum, herauszufinden, welche Stärken und Schwächen jemand hat. Dazu dient ihnen eher der Rest des Gesprächs und sie nutzen ggf. weitere Bausteine dafür. Kaum jemand wird sich hier schlicht auf die Selbstbeschreibung eines Kandidaten stützen. Viel wichtiger ist ihnen die Einsicht in die Bereitschaft und die Fähigkeit des Teilnehmers, sich differenziert, kritisch und tiefgehend mit sich selbst auseinanderzusetzen. Diese Bereitschaft und Fähigkeit aber wird umso klarer vermittelt, je individueller, je konkreter und je anschaulicher entsprechende Antworten ausfallen.

Die Haltung zu wichtigen Management- und Führungsfragen

Neben der Person des Teilnehmers ist sein Verständnis von bzw. seine Einstellung zu spezifischen Management- und Führungsfragen häufig ein wichtiges Thema im Interview. Dabei ist die Liste der möglichen Themen kaum erschöpfend definierbar. Allerdings können einige Aspekte ausgemacht werden, die häufig Anlass zu differenzierteren Nachfragen geben:

▪ Verständnis für unternehmensstrategische Fragestellungen:

Es ist evident, dass es für Managementaufgaben in aller Regel, wenn auch in unterschiedlicher Intensität, wichtig ist, sich in unternehmensstrategische Zusammenhänge hineindenken, sie analysieren und sie konzeptionell weiterentwickeln zu können. Dem entsprechend müssen Teilnehmer immer damit rechnen, dass ihnen im Interview entsprechende Fragen gestellt werden. Diese werden häufig in der Form von kurz skizzierten Fällen eingebracht, zu denen die Einschätzung und die konzeptionellen Ideen des Teilnehmers erfragt und hinterfragt werden.

■ Die Frage, worin im Kontext einer bestimmten Funktion unternehmerisches Denken und Handeln bestehen kann:

Die Wahrnehmung unternehmerischer Verantwortung hat zwei wesentliche Facetten: zum einen die der gestaltenden, vorantreibenden, Risiken abwägenden und sie übernehmenden Verantwortung, zum anderen die der ökonomischen, an Kennzahlen ausgerichteten Steuerung und Ergebnissicherung. Beide Aspekte sind in allen Managementfunktionen wichtig und die Art und Weise, wie jemand diese Verantwortungen interpretiert, gewichtet und wahrnimmt, ist für seinen Erfolg von entscheidender Bedeutung. Dem entsprechend werden Interviewer häufig auf sie zu sprechen kommen. Eine reife und wohl überlegte Haltung dazu und die Fähigkeit, diese grundlegende Verantwortung anhand von Fallbeschreibungen und spezifischen Szenarien zu konkretisieren, wird erwartet.

■ Die Frage, was Kunden- und Dienstleistungsorientierung für den Kandidaten bedeuten:

Diese Frage ist eine gute Gelegenheit, sich deutlich vom Mittelmaß abzuheben. Denn mit ein wenig Anstrengung dürfte es möglich sein, deutlich zu machen, wer interne oder externe Kunden sind, wodurch sie sich im Hinblick auf ihre Wichtigkeit unterscheiden, wie ein optimierter Kundenservice aussieht und was für einen selbst Kunden- oder Dienstleistungsorientierung im Einzelnen bedeutet. Dabei sollte deutlich werden, dass man prozessorientiert denkt, sich in die Situation eines Kunden hineinversetzen kann und die Auswirkungen bestimmter Vorgehensweisen auf die Kundenbindung, aber auch auf die Belastungen für die eigene Organisation differenziert einschätzt. Leider erscheint dieses Thema immer noch zu häufig als Refugium für Allgemeinplätze und oberflächliche Statements, die wenig überzeugen.

■ Die Einschätzung der eigenen Rolle im Unternehmen oder im Rahmen einer bestimmten Prozesskette und die darin wahrgenommenen Freiheitsgrade und Möglichkeiten der Gestaltung:

Die Fähigkeit, die eigene Tätigkeit, sei es die aktuelle oder eine andere Funktion, in den Gesamtzusammenhang des Unternehmens einzuordnen, Bezüge deutlich zu machen und die eigene Verantwortung sowie den eigenen Spielraum im Rahmen dieser Zusammenhänge deutlich zu machen, lässt für viele Interviewer zum einen sehr wichtige analytische und strukturierende Fähigkeiten erkennen und macht zum anderen das Ausmaß an Kreativität, Gestaltungswillen und Gestaltungsvermögen einer Person deutlich. Daher werden vielfach Fragen ins Interview integriert, die dieses Feld beleuchten. Die Antworten sollten deutlich machen, dass man die wichtigsten Parameter des Erfolgs im eigenen Verantwortungsbereich und die Faktoren, die diesen Erfolg determinieren, kennt und zu beeinflussen weiß. Zudem sollte erkennbar werden, wie die eigene Rolle und der eigene Bereich mit anderen wichtigen Bereichen zusammenwirken, welche wesentlichen Schnittstellen es gibt und wie man sie steuert.

■ Die Frage nach notwendigen Veränderungen, um bestimmte Ziele und Ergebnisse in der Zukunft halten oder verbessern zu können sowie nach den eigenen Möglichkeiten, solche Veränderungen anzustoßen und/oder zu fördern:

Nicht zuletzt sollte man deutlich machen können, welche Optimierungsmöglichkeiten oder -notwendigkeiten man in seinem Verantwortungsbereich sieht und wie man vorgehen will oder würde, um diese Möglichkeiten zu realisieren. Dazu kann die Beschreibung von Controlling- und Monitoringprozesse gehören, die man nutzt oder für sinnvoll erachtet, um kontinuierlich über Defizite in Tools, Vorgehensweisen oder Ressourcen informiert zu sein. Ergänzend sollten Vorgehensweisen genannt werden, um Defizite schnell zu beheben und die eigene Organisation für bestehende und vor allem für neue Anforderungen zu rüsten. Gegebenenfalls ist die systematische Entwicklung von Innovation von zentraler Bedeutung. Dann wird im Interview wahrscheinlich nach den Modellen und Prozessen für ein Innovationsmanagement im jeweils relevanten Segment gefragt. Bei all diesen Fragen ist es von entscheidender Bedeutung, dass Teilnehmer nicht nur darlegen können, was alles erforderlich wäre und welche Veränderungen angestoßen werden müssten, sondern deutlich machen, dass sie (a) wissen, wie dies geschehen kann, also die Wege der erfolgreichen Entwicklung des Bereichs sehen, dass sie (b) über die inhaltlichen und initiierenden Fähigkeiten und Kräfte verfügen, um sie auch tatsächlich zu gestalten und dass sie (c) den Willen und das Durchhaltevermögen haben, dies zu tun. Ein spezifisches Thema in diesem Zusammenhang ist das Change Management, also das Treiben und Gestalten eines Wandels in der eigenen Organisationseinheit, der in der Regel prozessuale, technische und menschliche Aspekte hat. Wo immer Management Audits im Kontext größerer Reorganisationen stattfinden, wird von Führungskräften in den neu zu besetzenden Positionen in aller Regel erfolgreiches Change Management erwartet. Daher ist es wichtig, sich damit auseinanderzusetzen, was dafür erforderlich ist und wie man vorgehen würde, um dieser Aufgabe gerecht zu werden. Alle hier angesprochenen Fragen sind komplex und bedürfen in der Regel viel Erfahrung, vor allem aber gründlicher Reflexion, um sie überzeugend beantworten zu können. Diese Reflexion sollte im Vorfeld eines Audits erfolgen.

Fazit

Es gibt eine Fülle von Themen, die im Rahmen eines Interviews angesprochen werden können. Es ist kaum möglich, sie vollständig zu erfassen, da sie häufig nicht dokumentiert sind und zudem in jedem Gespräch neue hinzukommen können. Die in diesem Kapitel ausgewählten Aspekte stellen lediglich beispielhafte Auszüge dar und repräsentieren Themen, die häufig angesprochen werden. Die grundlegende Botschaft lautet dabei: Im Interview geht es mehr um das Wissen und Reflektieren, das Denken und Wollen, weniger um das Können – mit Ausnahme einiger spezifischer Themen sowie vor allem wichtiger sozialer Kompetenzen, die im Verhalten des Teilnehmers im Gespräch selbst deutlich werden. Dem entsprechend sollte man als Teilnehmer neben der Konzentration auf die Inhalte des Gesprächs auch sehr genau auf das Auftreten dem Gesprächspartner gegenüber, die Gestaltung der Beziehung und die Mitwirkung an einem positiven Gesprächsverlauf achten. Darüber hinaus sollte man sich zur inhaltlichen Vorbereitung selbst Gedanken darüber machen, worauf es in einer Management-aufgabe allgemein oder – falls bekannt – in einer bestimmten in Frage kommenden Rolle ankommt. Durch eine gründliche Reflexion der Erfolgsfaktoren, möglicher kritischer Ereignisse und der eigenen Bewältigungsmodelle sollte man sich darauf vorbereiten.

2.1.3 Typische Bewertungskriterien im Interview

Aus dem Katalog der Bewertungskriterien, die im Kapitel „Die wichtigsten Fragen" dargestellt sind, sind im Interview einige besonders gut einschätzbar und werden deshalb auch vorrangig ausgewählt. Um die Aufmerksamkeit an dieser Stelle angemessen zu fokussieren, werden hier nur diejenigen Einschätzungskriterien genannt, die nahezu in jedem Interview eine wichtige Rolle spielen. Man kann davon ausgehen, dass eine Auswahl dieser Kompetenzen der Einschätzung zugrunde liegen wird.

Persönliche Kompetenzen

- Entscheidungsfähigkeit
- Glaubwürdigkeit
- Initiative/Engagement
- Persönliche Ausstrahlung (Charisma)
- Persönliche Autorität
- Selbstvertrauen
- Strukturierungsvermögen
- Verbindlichkeit
- Ziel- und Ergebnisorientierung

Soziale Kompetenzen

- Kommunikation
- Konfliktfähigkeit
- Kontaktfähigkeit
- Kritikfähigkeit
- Soziale Sensibilität (Einfühlungsvermögen)
- Überzeugungsfähigkeit

Führungskompetenzen

- Motivationsfähigkeit
- Delegation
- Kontrolle
- Personalentwicklung

Business-Kompetenzen

- Dienstleistungs-/Kundenorientierung
- Prozessmanagement
- Strategisches Denken und Handeln
- Unternehmerisches Denken und Handeln

2.2 Persönlichkeitsfragebögen

Es wurde bereits darauf hingewiesen, dass nicht selten Persönlichkeitsfragebögen eingesetzt werden, um sich auf systematischem und seriösem Weg ein Bild von der Persönlichkeit des Gesprächspartners zu machen. In aller Regel bedeutet dies den Einsatz eines solchen Bogens im Vorfeld der Durchführung des Audits. Die Teilnehmer erhalten entweder einen webbasierten Zugang zu einem entsprechenden Instrument oder eine schriftliche Unterlage, um das Inventar zu bearbeiten. Die Auswertung erfolgt in der Regel extern und liegt dem Interviewer dann zum Gespräch vor.

Die eingesetzten Fragebögen sind dazu konzipiert, Persönlichkeitseigenschaften zu erkennen, deren spezifische Ausprägungen einen Menschen in Abgrenzung zu anderen Menschen charakterisieren. Dabei greifen die unterschiedlichen Fragebögen auf unterschiedliche Modelle zurück und beinhalten daher durchaus unterschiedliche Dimensionen der Beschreibung von Persönlichkeiten. Bei allen geht es aber um Unterschiede zwischen Menschen, die nicht rein körperliche bzw. äußerliche Merkmale sind. Auch die kognitive Leistungsfähigkeit (einschließlich Intelligenz), sowie Interessen und Einstellungen werden nicht als Persönlichkeitseigenschaften aufgefasst. Ein sehr anerkanntes Modell unterscheidet fünf grundlegende Persönlichkeitseigenschaften:

- Emotionale Stabilität: Dabei geht es um den Grad der Ruhe und Sicherheit, um Gelassenheit, insbesondere im Hinblick auf Sorgen die eigene Gesundheit und Leistungsfähigkeit betreffend, aber auch um die Fähigkeit, Bedürfnisse angemessen auszuleben und erfolgreich mit Stress umzugehen.

■ Extraversion: Hierunter werden Aspekte wie Geselligkeit, Aktivität, Freude an Begegnungen und Gesprächen, Ausrichtung auf Menschen, Herzlichkeit und Heiterkeit verstanden.

■ Offenheit für neue Erfahrungen: Es geht dabei vor allem um die Frage, wie gern jemand Abwechslung hat, wissbegierig und kreativ ist, wie vielseitig interessiert und aufnahmebereit jemand insbesondere bei der Begegnung mit Unbekanntem und Neuem ist.

■ Verträglichkeit: Mit diesem Punkt ist gemeint, wie gut jemand mit anderen Menschen auskommt, wie umgänglich, mitfühlend, verständnisvoll und wohlwollend er ist. Es geht um Aspekte der Vertrauenswürdigkeit, der Kooperation, aber auch der Nachgiebigkeit und des Harmoniebedürfnisses.

■ Gewissenhaftigkeit: Darunter werden vor allem das Ausmaß an Zuverlässigkeit, Disziplin und damit Aspekte wie Pünktlichkeit, Fleiß und Genauigkeit angesprochen.

In anderen Modellen gibt es vielfach eine deutlich größere Anzahl von Eigenschaften, die unterschieden werden. Der entscheidende Grund dafür, Persönlichkeitseigenschaften im Rahmen der Potenzialeinschätzung zu erheben, liegt darin, dass man sie als über Zeit und Raum sehr stabile Grundvoraussetzungen dafür ansieht, wie Menschen ihr Umfeld erleben und wie sie sich verhalten. Man geht davon aus, dass man die Denk- und Verhaltensmuster, die für eine Potenzialaussage wichtig sind, aufgrund von Persönlichkeitseigenschaften recht gut vorhersagen kann, zumindest eine berechtigte Erwartung darüber entwickeln kann, innerhalb welches Rahmens jemand sich in seinem Verhalten voraussichtlich bewegen wird.

Im Rahmen einer professionellen und seriösen Durchführung von Management Audits wird man Persönlichkeitsfragebögen einsetzen, um die Eindrücke, die man im Rahmen weiterer Bausteine, insbesondere aber des Interviews, erhält, vertiefen zu können und um einen strukturierten Blick auf den Teilnehmer als Person zu bekommen. Es wird niemand direkte Bezüge zwischen einem bestimmten Ergebnis eines Persönlichkeitstests und der Eignung des Teilnehmers für bestimmte Aufgaben herstellen. Es widerspricht dem Stand der Forschung, solche direkten Zusammenhänge im Einzelfall herzustellen. Persönlichkeitsfragebögen liefern keine unmittelbaren Entscheidungsgrundlagen, sondern sie helfen, ein Gesamtbild zu entwickeln, das die Person, um die es geht, im Hinblick auf ihren Umgang mit bestimmten Aufgaben beschreibt.

Es ist für jeden, der einen Persönlichkeitsfragebogen bearbeitet, verlockend, sich darüber Gedanken zu machen, wie welche Antwort vermutlich bewertet wird und welche Auswahl vermutlich positiver, welche weniger positiv gedeutet wird. Das ist sehr verständlich. Allerdings gibt es Bögen, die durch die Art der Fragengestaltung Manipulationen sehr schwierig machen und bei denen der Versuch, den Antworten eine bestimmte Richtung zu geben, eher zur Unbrauchbarkeit der Ergebnisse führt. Bei einigen Inventaren können inkonsistente Antwortmuster und ihnen zugrunde liegende Versuche, die Ergebnisse in einer bestimmten Weise zu beeinflussen, auch erkannt werden.

Letztlich kann man nur empfehlen, Persönlichkeitsfragebögen in ihrer Bedeutung für eine Entscheidung nicht stärker zu bewerten als sie es faktisch im Rahmen einer Einschätzung verdienen. Sie haben in aller Regel, darauf sei nochmals hingewiesen, den Charakter einer ergänzenden, vertiefenden Information. Immer unterstellt, dass im Rahmen des Audits eine angemessene Würdigung des einzelnen Teilnehmers auch in dessen eigenem Interesse ist, erscheint es nur ratsam, Persönlichkeitsinventare so auszufüllen, wie sie es vorsehen: spontan und unmittelbar. Es besteht immer die Möglichkeit, die Ergebnisse, die die Auswertung ergibt, zu diskutieren und zu kommentieren. Seriöse Anwender werden diese Diskussion immer suchen, um sich ein abschließendes Bild zu machen. Die Erhebung des Persönlichkeitsprofils stellt dafür einen systematisierenden und vertiefenden Zwischenschritt dar.

Wer sich genauer über einschlägige Persönlichkeitsfragebögen informieren möchte, findet ausführliche Darstellungen einschließlich der Besprechung der wichtigsten Instrumente in „Persönlichkeitstests im Personalmanagement: Grundlagen, Instrumente und Anwendungen" (Hossiep, Paschen & Mühlhaus, 2000)

Hier sollen lediglich zwei weit verbreitete und vielfach eingesetzte Instrumente kurz angesprochen werden. Es handelt sich dabei um den MBTI und den OPQ 32.

2.2.1   MBTI

Die Abkürzung MBTI steht für „Myers-Briggs-Typenindikator". Er ist ein Testverfahren, das nach langer theoretischer und konzeptioneller Entwicklungsarbeit seit Mitte der siebziger Jahre eingesetzt wird. Dieses Verfahren wurde vor allem für die persönliche Beratung, den Einsatz bei Teamentwicklungsmaßnahmen sowie für den Trainingskontext entwickelt. Daher erscheint es vor allem passend für Management Audits, in denen das Erkennen individueller Besonderheiten des einzelnen Teilnehmers einen Schwerpunkt bildet. Eine Orientierung auf persönliche Präferenzen und deren Passung zu unterschiedlichen Aufgabenstellungen und/oder Funktionen sowie eine Orientierung auf die Entwicklungsmöglichkeiten des Einzelnen lassen den Einsatz des MBTI sinnvoll erscheinen.

Der Test hinterfragt die Präferenzen von Menschen. Es gibt daher keine richtige oder falsche Lösung. Jedes Ergebnis ist richtig, sofern die bearbeitende Person tatsächlich die für sie passenden Antworten gibt.

Die Entwickler des Tests gehen davon aus, dass sich Menschen ganz wesentlich in zwei Dimensionen voneinander unterscheiden, nämlich in der Art, wie sie die Welt um sich *wahrnehmen* und in der Art, wie sie Ereignisse, Menschen und Dinge *beurteilen*.

In der *Wahrnehmung* unterscheiden sich demnach Menschen dadurch, ob sie eher intuitiv, also nach ihrem inneren Empfinden, aus dem Bauch heraus wahrnehmen oder ob sie es orientiert an den konkreten, sicht- und zählbaren Einzelheiten tun.

In der *Beurteilung* unterscheiden sich im Sinne des MBTI Menschen dadurch, ob sie eher gefühlsmäßig, also spontan, aus dem Herzen heraus und geleitet von persönlichen Wertvorstellungen beurteilen und entscheiden oder ob sie es gestützt auf die genaue Analyse und bemüht um Objektivität, also vorrangig mit dem Kopf tun.

Darüber hinaus unterscheidet der MBTI *extravertierte* und *introvertierte* Menschen. Extravertierte Personen lieben und suchen den Umgang mit anderen Menschen, gehen offen und neugierig auf ihre Umwelt zu. Introvertierte Menschen lieben und suchen die Reflexion, ziehen sich gern zurück und haben eine reichhaltige Ideen-, Vorstellungs- und Gedankenwelt.

Insgesamt ergeben sich aus den Kombinationen unterschiedlicher Ausprägungen auf diesen Dimensionen 16 unterschiedliche Typen und die Auswertung des Tests zeigt auf, welcher Typ den jeweiligen Menschen am besten beschreibt.

Schon mit dieser kurzen Skizzierung wird deutlich, dass der MBTI nicht gute von schlechten oder richtige von falschen Persönlichkeiten unterscheidet. Es kommt vielmehr darauf an, dass der Teilnehmer sich selbst besser kennen lernt und einschätzen kann. Auf der Basis dieser Selbstreflexion kann jeder Mensch für sich herausfinden, mit welcher Art von Situationen und Anforderungen er mehr oder weniger leicht umgehen kann, was ihm mehr und was ihm weniger liegt. Und er kann Wege finden, mit unterschiedlichen Herausforderungen in für ihn passender Weise umzugehen.

Dadurch kann die Erstellung und Besprechung eines MBTI-Profils auch für Führungsaufgaben sehr hilfreich sein, weil es dem Einzelnen ermöglicht, zu erkennen, warum ihm bestimmte Aspekte leichter und andere schwerer fallen. Darüber hinaus kann jede Führungskraft die passenden Wege finden, um mit einem eigenen Führungsstil authentisch und überzeugend aufzutreten.

2.2.2   OPQ 32

Der OPQ (Occupational Personality Questionnaire) 32 ist ausgerichtet auf den beruflichen Kontext, das heißt, er beschreibt Menschen vor allem im Hinblick auf Aspekte, die im Arbeitsleben besonders wichtig sind. Dem Verfahren liegt eine spezifische Persönlichkeitsdefinition zugrunde. Unter Persönlichkeit wird hier das verstanden, was sich auf die typische Art einer Person, d. h. ihren Stil sich zu verhalten, zu denken oder zu fühlen bezieht. Das Verfahren beschreibt Kriterien in drei Bereichen:

■ *Zwischenmenschliches Verhalten:* Hier geht es darum, wie man mit anderen Menschen umgeht, welchen Kommunikationsstil man pflegt und welches Teamverhalten wahrscheinlich ist.

■ *Denkstil:* Dabei steht im Vordergrund, wie man an die Analyse und Lösung von Problemen herangeht, welche Prioritäten man bei Entscheidungen setzt und wie man sich und seine Arbeit organisiert.

■ *Emotion und Motivation:* In diesem Bereich geht es darum, an welchen Zielen man sich orientiert, wie belastbar man ist und wie man mit täglichen Belastungen und Fehlschlägen umgeht.

Zwischenmenschliches Verhalten	Durchsetzung	Überzeugend
		Führend
		Direkt
		Unabhängig
	Kontakt	Gesellig
		Anschlussfreudig
		Selbstsicher
	Einfühlung	Zurückhaltend
		Kooperativ
		Fürsorglich
Denkstil	Analyse	Datenorientiert
		Kritisch bewertend
		Verhaltensorientiert
	Flexibilität	Traditionell
		Konzeptionell
		Innovativ
		Abwechslung suchend
		Anpassungsbereit
	Struktur	Vorausdenkend
		Detailorientiert
		Gewissenhaft
		Regeln folgend
Emotion und Motivation	Selbstmanagement	Entspannt
		Besorgt
		Robust
		Optimistisch
		Vertrauensvoll
		Emotional kontrolliert
	Motivation	Dynamisch
		Wettbewerbsorientiert
		Erfolgsorientiert
		Entschlussfreudig

Quelle: SHL Deutschland GmbH, Handbuch zum Persönlichkeitsinventar OPQ 32
Abbildung 9:   *Persönlichkeitsmerkmale im OPQ 32*

Die Antworten auf insgesamt 104 Fragen werden zu Ausprägungen auf insgesamt 32 Persönlichkeitsmerkmalen verrechnet. Diese 32 Merkmale sind den drei genannten Bereichen zugeordnet und innerhalb der Bereiche nochmals zu Merkmalsgruppen kategorisiert. Dadurch ergibt sich das Gesamtbild, das in Abbildung 9 dargestellt wird.

Das Gespräch und die Reflexion über ein OPQ-Profil kann sowohl den Einschätzern im Rahmen eines Management Audits als auch dem Teilnehmer selbst wichtige persönliche Präferenzen, individuelle Denk- und Verhaltensstile sowie Wahrnehmungs- und Bewertungsmuster deutlich machen. Das kann dabei helfen, Entwicklungsfelder zu identifizieren und sich im Hinblick auf bestimmte Anforderungen und Aufgaben angemessen zu positionieren.

2.3   Fallstudien

2.3.1   Typische Merkmale von Fallstudien

Unter Fallstudien, gerne auch „cases" oder „case studies" genannt, versteht man im Kontext von Management Audits die Beschreibung einer komplexen Konstellation, in der Regel eines unternehmerischen Zusammenhangs. Es werden Informationen darüber zusammengestellt, wie ein Unternehmen oder ein Unternehmensbereich sich innerhalb eines bestimmten Zeitraums entwickelt hat und/oder wie sich deren Situation aktuell darstellt. Die wichtigsten Einflussgrößen auf diese Entwicklung bzw. diesen Zustand werden erläutert, häufig werden zusätzlich bevorstehende Veränderungen, strategische Ziele oder operative Ergebniserwartungen beschrieben. Es kann aber auch um sehr spezifische Ausschnitte des unternehmerischen Gesamtzusammenhangs gehen, beispielsweise um Produktinnovation, die Bewertung von Marktentwicklungen in einem bestimmten Segment, logistische Problemstellungen etc. Vielfach werden den qualitativen Informationen Daten hinzugefügt, die anhand wichtiger Kennzahlen die Entwicklung und/oder die aktuelle Situation beschreiben.

Die Aufgabe hat für die Bearbeiter in der Regel sowohl analytische als auch konzeptionelle Anforderungen. In der Regel geht es zunächst darum, die vorgelegten Informationen zu strukturieren und auf wichtige Schlussfolgerungen hin zu analysieren: Wo gibt es aktuell die größten Ergebnisdefizite? Welcher Bereich entwickelt sich besonders gut, welcher zeigt kritische Tendenzen? Welche Produkte sind erfolgreich, welche sind es nicht? Diese und ähnliche Fragen lassen sich in der Regel aufgrund des gelieferten Datenmaterials beantworten. Die Komplexität des Materials sowie das Abstraktionsniveau der Fragestellungen schwankt sehr stark, insbesondere in Abhängigkeit vom Managementlevel der Teilnehmer bzw. der Zielpositionen, um die es geht.

Im konzeptionellen Teil der Aufgabe geht es dann in der Regel darum, Vorschläge für das weitere Vorgehen und die Gestaltung wichtiger Maßnahmen zu machen, mit deren Hilfe die erkannten Probleme gelöst und die gewünschten Ziele erreicht werden können.

Es ist vor allem wichtig, qualitative Informationen, Zielsetzungen und Vorgaben, die im Text einer Fallstudie genannt sind, mit den Daten (Tabellen, Grafiken, Statistiken) in Verbindung zu bringen und daraus eine Gesamtbetrachtung herzustellen, die der Komplexität der Situation gerecht wird. Meist wird eine saubere, fehlerfreie und differenzierte Analyse ebenso erwartet wie klare Prioritätensetzung bei Handlungsfeldern und Maßnahmen und konkrete Vorschläge, die operativ umsetzbar sind und erkennbar dazu beitragen würden, die in der Analyse herausgearbeiteten Probleme zu lösen. Die Konkretisierung und Umsetzungsorientierung des Handlungskonzepts ist für eine insgesamt positive Einschätzung besonders wichtig.

Die Bearbeitung von Fallstudien verlangt von Teilnehmern Fähigkeiten und Fertigkeiten. Ohne gute analytische Fähigkeiten, unter Umständen auch ohne ein solides Grundwissen über den jeweiligen Unternehmensbereich und seine wichtigsten Strukturen und Prozesse, ohne strukturierendes Denken, ggf. auch ohne das richtige Verständnis bestimmter Kennzahlen und ihrer Interpretation, wird es gemeinhin nicht möglich sein, Fallstudien in der häufig knappen, vorgegebenen Zeit vollständig und überzeugend zu lösen. Im Interview liegt der Schwerpunkt des Interesses auf den Erfahrungen, zum Teil auch dem Wissen, und auf der Person an sich, insbesondere ihrem Denken, ihren Grundhaltungen, Werten und Motiven. Die Fallstudie dagegen fokussiert klar das Können. Hier kann man sich nicht herausreden. Entweder schafft man es, in einer bestimmten Zeit die Lösung in der gewünschten Tiefe und Differenzierung zu erarbeiten oder man schafft es nicht bzw. nur bis zu einem gewissen Grad. Auch Fallstudien, die so aufbereitet sind, dass es nicht nur eine Lösung gibt, bieten Einschätzern in aller Regel eine Fülle von Anhaltspunkten, ob die Zusammenhänge richtig erkannt und die wesentlichen Punkte in die Reflexion eingearbeitet wurden.

Insofern kann man hier Teilnehmern auch nur wenige Tipps geben. Es kann hilfreich sein, sich vorab nach beispielhaften Fallstudien umzusehen und einige zu bearbeiten, um in den Arbeitsmodus hineinzukommen. Wenn das Management Audit sich klar auf einen bekannten Managementbereich bezieht, kann man sich unter Umständen nochmals mit wichtigen Kennzahlen, Strukturen und Prozessen in diesem Bereich befassen, um sie parat zu haben. Viel mehr wird man aber in der Vorbereitung nicht tun können. Während der Bearbeitung der Fallstudie im Rahmen des Audits kommt es vor allem darauf an, strukturiert und ruhig zu arbeiten – auch dann, wenn man den Eindruck hat, mit der Aufgabe überfordert zu sein. Man sollte sich fragen, was der Kern der Aufgabenstellung ist und versuchen, so gut wie eben möglich in der verfügbaren Zeit Antworten zu finden.

Neben der reinen Bearbeitung der Aufgabe ist es wichtig, rechtzeitig an die Darstellung der Ergebnisse zu denken. In aller Regel müssen die erarbeiteten Analysen und Konzepte im Rahmen einer Präsentation vorgestellt werden. Diese Präsentation wird einen erheblichen Einfluss auf die Bewertung haben. Selbstverständlich kann man nur dann strukturierte und profunde Ergebnisse vorstellen, wenn eine entsprechend treffende Analyse gelungen ist. Fehler und Schwächen in der Bearbeitung können in der Regel in der Präsentation nicht wettgemacht werden. Umgekehrt aber sollte man darauf achten, dass die Ergebnisse, die man erarbeitet hat, auch tatsächlich in der Präsentation überzeugend vermittelt werden und nicht untergehen oder missverständlich dargestellt werden. Hier sind alle Hinweise einschlägig, die im nächsten Abschnitt zu den Präsentationsaufgaben erläutert werden.

2.3.2   Typische Bewertungskriterien in Fallstudien

Der Schwerpunkt der Einschätzungen liegt bei Fallstudien in aller Regel auf intellektuellen Aspekten der persönlichen Kompetenz sowie auf Business-Kompetenzen. Weitere Aspekte der persönlichen Kompetenz oder Aspekte der sozialen Kompetenz sind in der Regel immer nur dann unter den Einschätzungskriterien, wenn es eine entsprechend gewichtete Präsentation der Ergebnisse gibt. Hier werden aus dem Katalog der Kompetenzkriterien, die im Kapitel „Die wichtigsten Fragen"ausführlich dargestellt wurden, einige typische Bewertungskriterien für Fallstudien genannt. Es werden in der Regel in einer konkreten Aufgabenstellung nur einige von ihnen, je nach Anforderungsprofil unter Umständen aber auch andere eingeschätzt.

Persönliche Kompetenzen

■ Entscheidungsfähigkeit

■ Persönliche Ausstrahlung (Charisma)

■ Selbstvertrauen

■ Strukturierungsvermögen

■ Umgang mit Ambiguität und Komplexität

■ Verbindlichkeit

■ Ziel- und Ergebnisorientierung

Soziale Kompetenzen

■ Kommunikation

■ Überzeugungsfähigkeit

Business-Kompetenzen

■ Dienstleistungs-/Kundenorientierung

■ Innovations-/Veränderungsbereitschaft

■ Planung und Ressourcenmanagement

■ Prozessmanagement

■ Strategisches Denken und Handeln

■ Unternehmerisches Denken und Handeln

■ Veränderungsmanagement

Mein Diplom-Arbeit einlen!

2.4 Präsentationsaufgaben

2.4.1 Typische Merkmale von Präsentationsaufgaben

Im Unterschied zu Fallstudien liegt bei den meisten Präsentationsaufgaben der Schwerpunkt deutlich stärker auf konzeptionellen Anforderungen. Die Aufgabenstellungen sind in der Regel dadurch gekennzeichnet, dass man für eine bestimmte Situation oder Konstellation eigene Vorstellungen zur weiteren Entwicklung und Gestaltung erarbeiten soll. Dabei wird meistens kein so großes Augenmerk auf die Analyse von Zahlen und Daten gelegt. Wichtiger ist hier in der Regel die strategische, kreative und innovative Leistung bei der Lösung der Aufgabe. Analytische Fähigkeiten werden zwar in aller Regel auch eine Rolle spielen, jedoch weniger an Tabellen und Statistiken orientiert, sondern eher im Hinblick auf die angemessene Auffassung und Bewertung einer Gesamtkonstellation. Häufig sind die Aufgabenstellungen sehr offen gehalten und lassen dem Bearbeiter viele Freiheiten für die Lösung. Man kann und soll eine eigene Auffassung des Themas erarbeiten und darstellen, soll selbst entscheiden, welche Aspekte im gegebenen Zusammenhang relevant und wichtig sind, soll selbst Prioritäten setzen und eigene Vorschläge für die Zukunft erarbeiten.

Da bei derartigen Aufgaben häufig eher ein Konzept im Rahmen eines gewissen Lösungskorridors als eine ganz bestimmte Lösung erwartet wird, bietet sich hier die Chance, sich individuell mit seinen Vorstellungen und Prioritäten einzubringen und zu profilieren. Allerdings liegt auch hier, das sollte man nicht verkennen, der Fokus auf dem Können, weniger auf dem Wollen oder der Person und ihren Denk- und Handlungsmustern. Das Können, um das es hier geht, ist allerdings weniger ein analytisches als vielmehr ein konzeptionelles. Es geht vor allem um Gestaltungsfähigkeiten, um die Herausarbeitung angemessener Zielsetzungen, um die Entwicklung von Strategien zur Zielerreichung, um Ideenreichtum und Kreativität, um die Aufbereitung von Szenarien und die Erarbeitung von Prioritäten, um stimmige und umsetzungsfähige Vorgehensmodelle und um Steuerungskompetenzen.

Sofern die Aufgabenstellung nicht explizit etwas anderes verlangt, ist es wichtig, darauf zu achten, dass das Konzept von den Zielen und der Strategie bis zur konkreten, operativen Steuerung vorgeschlagener Maßnahmen reicht. Sehr abstrakte und rein auf der strategischen Ebene verbleibende Modelle mögen stimmig sein und gute strategische Fähigkeiten aufzeigen, lösen die Aufgabe aber meistens nur zum Teil und führen nicht per se zu guten Einschätzungen. Die meisten Aufgabenstellungen verlangen explizit auch die Vorstellung eines Umsetzungskonzepts und die Beschreibung der eigenen Rolle und des persönlichen Beitrags zur erfolgreichen Umsetzung. Aber auch, wenn dazu keine explizite Frage im Rahmen der Aufgabenstellung vorhanden ist, sollte man sich immer fragen, ob es im Rahmen der gestellten Aufgabe erforderlich bzw. sinnvoll ist, auch konkrete Umsetzungsfragen zu reflektieren und Vorgehensvorschläge zu erarbeiten. Auch die differenzierte Reflexion der eigenen Rolle im Rahmen eines vorgeschlagenen Szenarios oder Vorgehens kann die Präsentation sehr bereichern und bietet erneut die Chance, sich zu profilieren und zu positionieren.

Themen in solchen konzeptionellen Präsentationsaufgaben können beispielsweise sein:

- Die Entwicklung und Formulierung einer Strategie zur Erreichung bestimmter Ziele in einem vorgegebenen Kontext, in der Regel verbunden mit der Definition der strategischen Maßnahmen, ggf. auch eines Umsetzungsplans.

- Die Entwicklung eines Konzepts für die Markteinführung eines neuen Produkts oder einer Dienstleistung unter bestimmten Marktbedingungen und bestimmten Zielvorgaben (Zielgruppen, Termine, Budgets etc.).

- Die Erarbeitung eines optimierten Organisationskonzepts für eine Gesellschaft oder einen Unternehmensbereich im Hinblick auf gegebene strategische und/oder operative Ziele, unter bestimmten Rahmenbedingungen wie verfügbare Ressourcen, Prozessvorgaben etc.

- Die Erstellung eines Change Management Konzepts im Zusammenhang einer Reorganisation, die von Führungskräften und Mitarbeitern ein Umdenken und das Erlernen und Mittragen neuer Prozesse und Strukturen verlangt.

- Die Erarbeitung eines Kompetenzmanagementkonzepts für einen definierten Verantwortungsbereich, in dem neue Anforderungen gestellt werden, für die bisher die erforderlichen Fähigkeiten nicht ausreichend vorhanden sind.

Häufig ist es so, dass aus dem Anlass, der zur Durchführung eines Management Audits führt, auch die Thematik einer solchen Konzeptpräsentation hergeleitet wird. Dadurch gewinnt die Aufgabenstellung deutlich an sachlicher Relevanz für Auswahl- und Entwicklungsentscheidungen und macht auch den Teilnehmern die Anforderungsorientierung des Audits sehr gut deutlich.

Es liegt auf der Hand, dass bei Präsentationsaufgaben die Form der Darstellung und das Auftreten in der Präsentation zum Gegenstand der Einschätzung gehören. Präsentationsfähigkeiten gehören zum notwendigen Handwerkszeug im Management und sollten im Hinblick auf die Wirkung, die sie bei Kunden, Partnern oder internen Bezugsgruppen erzeugen, nicht unterschätzt werden. Dabei wird eine effektive Präsentation vor allem von vier Faktoren getragen: der Person des Vortragenden, der Ausrichtung des gesamten Vortrags auf die Zuhörer, der inhaltlichen Gestaltung und der Technik. Abbildung 10 veranschaulicht diese Faktoren und die ihnen zugehörigen wichtigsten Gestaltungsaspekte. Hinsichtlich dieser Faktoren unterscheiden sich Business-Präsentationen im Rahmen von Management Audits nicht von solchen im Alltag.

Abbildung 10: *Erfolgsfaktoren für eine wirksame Präsentation*

Die Person des Vortragenden ist sicherlich der wichtigste Faktor. Allein die Persönlichkeit kann eine Präsentation zwar nicht erfolgreich machen, aber sie kann die Wirkung der Präsentation auf die Zuhörer hemmen oder auch fördern. Die wesentlichen Punkte, die in Abbildung 10 genannt werden, sind eher Mindestanforderungen als das Maximum dessen, was man durch das persönliche Auftreten erreichen kann. Der wichtigste und die gesamte Wirkung dominierende Faktor ist der der Stabilität, die jemand während der Präsentation ausstrahlt. Es ist sehr wichtig, sich um eine größtmögliche innere Ruhe zu bemühen. Aufregung ist in der Regel kaum zu vermeiden und hat viel Gutes an sich. Schließlich sorgt sie dafür, dass einem bewusst wird, dass etwas Wichtiges bevorsteht und dass man sich anstrengen und genau konzentrieren sollte. Es kommt allerdings darauf an, die Aufregung in der direkten Vorbereitung und der Durchführung der Präsentation zu beherrschen und nicht von ihr beherrscht zu werden. Das sagt sich natürlich leichter als es getan ist, aber es gibt einige Möglichkeiten, daran erfolgreich zu arbeiten. Das Wesentliche ist, die Kontrolle über die eigenen Gedanken nicht zu verlieren bzw. wiederzufinden, wenn sie verloren wurde. Es sind die Gedanken an katastrophale Geschehnisse, an die bevorstehende Blamage, an die eigene Unfähigkeit, die Fehler usw., die zu Unsicherheit und Instabilität führen. Die Teilnahme am Audit und die Aufforderung, eine Präsentation zu halten, führen nicht an sich zu Unsicherheit. Dazu führen erst die eigenen Gedanken. Darum ist es wichtig, sich schon im Vorfeld des Audits gedanklich auf die Situation einzustellen und die Gedanken an mögliche Katastrophen durch realistische positive Gedanken zu ersetzen. Man sollte sich auf den Boden der Tatsachen zurückholen und eine nüchterne Bestandsaufnahme machen: Was kann mir wirklich geschehen? Wie viele Präsentationen, die ich gehalten habe, sind eigentlich schief gegangen – und wie viele dem gegenüber gut gelungen? Ich weiß ja, wie man eine gute Präsentation aufbaut. Diese und ähnliche Gedanken können zur Beruhigung beitragen. Auch Techniken des autogenen Trainings oder spezifische Atemtechniken können in kritischen Situationen sehr gut helfen. Wenn man mit solchen Methoden vertraut ist, sollte man sich daran erinnern und sie einsetzen.

Der zweite wichtige Punkt in der persönlichen Wirkung ist die Echtheit oder Authentizität. Insbesondere bei Präsentationen ist man leicht versucht, in eine zu betont professionelle, formale Weise des Auftretens und der Kommunikation zu wechseln. Dadurch wird leider häufig weniger die gewünschte Ausstrahlung von Seriosität erzeugt als vielmehr die Wirkung von Distanziertheit, Unnatürlichkeit und fehlender Authentizität. Man unterbricht die Beziehung, die man selbst zum Thema hat, statt sie deutlich zu machen. Meist wirken Präsentationen umso besser, je deutlicher eine echte innere Beziehung des Vortragenden zum Thema wird. Man sollte sich also schon in der Vorbereitung mit der Frage befassen, ob es eine solche Beziehung bei dem gestellten Thema gibt, worin sie besteht und wie man sie deutlich machen kann und will.

Der dritte persönliche Erfolgsfaktor für die Wirkung einer Präsentation ist die Individualität des Vortragenden. Man sollte nicht versuchen, einem bestimmten Bild des professionellen Redners nachzueifern, sondern vielmehr auf die persönlichen Stärken setzen. Auf die eigene Individualität zu vertrauen und sie als Chance für eine erfolgreiche Präsentation zu nutzen, bedeutet immer, den eigenen Stil zu finden und zu praktizieren. Der Eine überzeugt eher mit Witz und Charme, der nächste besticht durch Klarheit und Prägnanz, der dritte durch Kontaktstärke. Jeder muss seine eigenen Stärken kennen und nutzen. Eine persönliche Wirkung erzielt nur, wer sich auch persönlich einbringt. Das kann bedeuten, persönliche Bezüge zum Thema deutlich zu machen und eigene Bewertungen und Einschätzungen klar zu äußern. Es kann auch heißen, offensiv mit eigenen Fragen und Unklarheiten, die zum Thema noch bestehen, umzugehen, sie anzusprechen und die Teilnehmer ggf. zur Diskussion darüber aufzufordern.

Der zweite wichtige Erfolgsfaktor für die Wirksamkeit einer Präsentation ist die konsequente Ausrichtung der Inhalte und des Vorgehens auf die Zuhörer. Die erste Frage muss lauten: Woran sind meine Zuhörer besonders interessiert? Welche Fragen möchten sie beantwortet haben? Welche Prioritäten setzen sie selbst? Darauf sollt man sich inhaltlich einstellen und auch in der Gliederung der Präsentation darauf achten, die entsprechenden Botschaften herausragend zu positionieren. In der Regel gehen die entscheidenden Hinweise für die inhaltliche Ausrichtung der Präsentation aus der Fragestellung hervor und ergeben sich aus der Reflexion über die Zielsetzungen der Präsentation sowie aus dem Hintergrund, vor dem das Audit durchgeführt wird. Gelegentlich werden auch für Präsentationen bestimmte Rollen vergeben. Der Präsentierende wird beispielsweise gebeten, sich in die Rolle des Vertriebsleiters zu versetzen, die Zuhörer repräsentieren die Geschäftsleitung. In diesem Fall sollte man sich möglichst gut in diese Rolle hineinfinden und aus der Perspektive des Vertriebsleiters die Interessen der Geschäftsleitung genau reflektieren, um sich in der Rolle auf seine Zuhörer optimal einzustellen.

Oft geben Zuhörer Signale der Aufmerksamkeit oder Unaufmerksamkeit, der Zustimmung oder des Zögerns und des Unverständnisses. Darauf sollte man als Präsentator aufmerksam achten und ggf. nachfragen, ob etwas unverständlich geblieben ist oder ob die Schwerpunkte anders gesetzt werden sollten. Schließlich sollte man den Zuhörern immer ausreichend Gelegenheit geben, Fragen zu stellen, sei es während der Präsentation oder am Ende und auf diese Fragen in angemessener Ruhe und Tiefe einzugehen. Diese und weitere Möglichkeiten, Zuhörer einzubinden, sollte man konsequent nutzen.

Bei der inhaltlichen Gestaltung der Präsentation sollte vor allem die Relevanz des Dargestellten für die Fragestellung und den Kontext, die Verständlichkeit für die Zuhörer und die Klarheit der Botschaft beachtet werden. Man sollte sich auf die Dinge konzentrieren, die die wesentlichen Beiträge darstellen, sollte Prioritäten deutlich machen und die Verteilung der Zeit auf die einzelnen Aspekte des Themas an deren Bedeutung ausrichten. Es ist fatal, zu Beginn sehr viel Zeit auf Details zu verwenden und für die wesentlichen Punkte schließlich zu wenig Zeit zu haben. Sollte man Experte in einem Thema sein und das eigene Wissen und die eigene Erfahrung deutlich über denen der Zuhörer liegen, sollte man ganz besonders auf die Verständlichkeit des eigenen Vortrags für die Zuhörer achten. Das bezieht sich sowohl auf das verwendete Vokabular als auch auf die Komplexität, die man den Zuhörern zumutet. Es kommt darauf an, die eigene Expertise auch jemandem deutlich machen zu können, der sehr wenig vom Fach versteht. Die Fähigkeit, komplizierte Dinge einfach und nachvollziehbar darzustellen und auf die wesentlichen Faktoren und Zusammenhänge zu reduzieren, ist eine sehr wichtige Managementfähigkeit, die sich hier zeigen sollte. Schließlich sollte das Thema einer Lösung zugeführt werden. Man sollte nicht nur in der Lage sein, kritische Aspekte aufzuzeigen, sondern auch deutlich machen, dass man die Lösung sieht und vor allem, dass man Wert auf die Ansätze und Maßnahmen zu ihrer Umsetzung legt. Der entscheidende Erfolgsfaktor in inhaltlicher Hinsicht ist die Klarheit der Botschaft. Man sollte sich selbst sehr gründlich fragen, was man den Zuhörern sagen möchte, was der Kern der Präsentation ist. Es kann sehr hilfreich sein, diese zentrale Botschaft in einem Satz zu formulieren, diesen Satz der Präsentation voranzustellen, ihn dann zu erläutern und abschließend noch einmal zusammenfassend zu wiederholen.

Die Technik der Präsentation schließlich ist ein weiterer Erfolgsfaktor, zu dem zunächst die gründliche Vorbereitung gehört. Man sollte sich sowohl persönlich als auch inhaltlich und organisatorisch vorbereiten. Die persönliche Vorbereitung umfasst vor allem eine Auseinandersetzung mit der eigenen Rolle und dem Stellenwert dieser Präsentation: Warum halte ich die Präsentation? In welcher Funktion oder Rolle stehe ich vor den Zuhörern? Welche Konsequenzen ergeben sich daraus für mein Auftreten und meine Aussagen? Auch um einen persönlichen Zugang zum Thema kann man sich in der Vorbereitung bemühen und kann herausfinden, ob es Bezugspunkte zu sich selbst oder zur eigenen Funktion gibt. Solche persönlichen Bezüge kann man in der Präsentation nutzen, um mehr Interesse und Aufmerksamkeit zu wecken und überzeugender zu wirken. In inhaltlicher Hinsicht verlangt die Vorbereitung vor allem die umfassende Suche und Verarbeitung aller relevanten Informationen, deren saubere Analyse und die klare Herleitung von Schlussfolgerungen. Schließlich gehört zur inhaltlichen Vorbereitung vor allem die Formulierung der zentralen Botschaft der Präsentation. Auch organisatorisch sollte die Präsentation gut vorbereitet sein: Man sollte sich möglichst den Raum rechtzeitig anschauen und ggf. seine Gestaltung den eigenen Vorstellungen anpassen, man sollte Zeitvorgaben genau beachten und die Präsentation einmal zur Übung halten, um sicher zu sein, dass man in der vorgegebenen Zeit fertig wird. Da es im Rahmen von Management Audits häufig dafür nicht die Zeit gibt, muss man sich hier ganz besonders gut auf seine Einschätzung verlassen können, wie viel Zeit man benötigt, um vorgesehene Inhalte darzustellen.

Auch das persönliche Auftreten hat technische Aspekte. Eine lebhafte Präsentationstechnik, die eine angemessene persönliche Spannung vermittelt, ist für die Aufmerksamkeit der Teilnehmer ebenso wichtig wie eine sehr bewusste Kontaktaufnahme zu den Zuhörern. Wenn die Rahmenbedingungen es zulassen, ist es hilfreich, Zuhörer persönlich zu begrüßen, sich kurz vorzustellen oder ein paar Worte zu wechseln und dabei sehr aufmerksam für die Zuhörer zu sein und ihnen eine starke Präsenz in der Begegnung zu vermitteln. Das wird im Rahmen von Management Audits allerdings nicht die Regel sein. Hier wird man schnell und direkt in die Präsentation einsteigen, sollte aber diesen Einstieg nutzen, um den Kontakt zu den Zuhörern bewusst aufzunehmen. Schließlich sollt man sich in der Präsentation auf die Techniken der Überzeugung stützen, die einem persönlich besonders liegen. Wie gesagt, kann es dem Einen mehr liegen, durch schlüssige Argumentation und präzise Sachlichkeit zu überzeugen, dem Zweiten mehr dadurch, sich persönlich einzubringen oder dem Dritten durch Charme und Witz.

Die Wahl des Mediums der Präsentation ist eine wichtige, aber für den Erfolg einer Präsentation meist nicht die entscheidende Frage. Lediglich sollte das Medium, das gewählt wird, perfekt eingesetzt werden. Wenn man auf alle Hilfsmittel verzichtet und einen freien Vortrag wählt, sollte man in der Lage sein, entsprechend frei zu sprechen und die Inhalte, ggf. nur gestützt auf ein paar Stichworte, dennoch strukturiert darzustellen. In der Regel wird nicht die Zeit sein, im Rahmen eines Management Audits ähnlich viel Zeit auf die Gestaltung einer Präsentation zu verwenden, wie es im Alltag gelegentlich möglich ist. Daher sollte man hier mehr auf die Klarheit und die Funktionalität achten als auf Details in der Darstellung. Sie lenken nur vom Kern, dem Inhalt und der persönlichen Botschaft ab. Die Technik, für die man sich entscheidet, sollte man jedoch soweit beherrschen, dass keine Pannen geschehen und sie sollte geeignet sein, die inhaltliche Darstellung angemessen zu unterstützen, aber nicht von ihr abzulenken.

2.4.2   Typische Bewertungskriterien in Präsentationsaufgaben

Der Schwerpunkt der Einschätzungen liegt bei Präsentationen meistens sowohl auf inhaltlichen Aspekten als auch auf Aspekten des Auftretens und des Umgangs mit den Zuhörern. Dadurch gehören Präsentationen immer zu den anspruchsvollsten Aufgabenstellungen. Hier werden aus dem Katalog der Kompetenzkriterien, die im Kapitel „Die wichtigsten Fragen" ausführlich dargestellt wurden, einige typische Bewertungskriterien für Präsentationsaufgaben genannt. Es werden in der Regel in einer konkreten Präsentation nur einige von ihnen, je nach Anforderungsprofil unter Umständen aber auch andere eingeschätzt.

Persönliche Kompetenzen

- Initiative/Engagement

- Kreativität

- Persönliche Ausstrahlung (Charisma)

- Selbstvertrauen
- Stressresistenz
- Strukturierungsvermögen
- Unabhängigkeit
- Verbindlichkeit

Soziale Kompetenzen

- Argumentation
- Kommunikation
- Überzeugungsfähigkeit

Führungskompetenzen

Führungskompetenzen werden im Rahmen von Präsentationsaufgaben nur dann eine Rolle spielen, wenn das Führungsverständnis und die Ausübung der Führungsrolle einen wichtigen Teil der Aufgabenstellung darstellt.

- Motivationsfähigkeit
- Delegation
- Kontrolle
- Personalentwicklung

Business-Kompetenzen

- Dienstleistungs-/Kundenorientierung
- Innovations-/Veränderungsbereitschaft
- Planung und Ressourcenmanagement
- Prozessmanagement
- Strategisches Denken und Handeln
- Unternehmerisches Denken und Handeln
- Veränderungsmanagement

2.5   Simulationen

2.5.1   Typische Merkmale von Simulationen

Simulationen stellen reale Anforderungskonstellationen nach. Dabei ist hier die Rede von einer tatsächlichen Nachempfindung realer Situationen, die vom Teilnehmer ein konkretes Verhalten in einer bestimmten Rolle einem Gesprächspartner gegenüber verlangen. Dieser Gesprächspartner ist in der Regel der externe Moderator des Management Audits. Er kann bspw. die Rolle eines Mitarbeiters, eines Kunden, eines Lieferanten oder eines anderen Vertragspartners einnehmen. Hier spricht man von Rollenspielen. Aber auch eine Präsentation kann eine Simulation sein, wenn sie in ein bestimmtes Szenario eingebettet ist, in dem der präsentierende Teilnehmer sowie die Zuhörer in bestimmten anforderungsorientiert definierten Rollen agieren (s. o.). Dasselbe gilt für Fallstudien, wenn der Bearbeiter zusätzlich zum inhaltlichen Anspruch auch als eine Person mit bestimmten Interessen, Positionen und rollenbedingten Verhaltensvorgaben agiert.

Simulationen können hinsichtlich ihrer Komplexität sehr unterschiedlich sein – sowohl im Hinblick auf die inhaltliche Seite der Aufgabe als auch bezüglich ihrer sozialen Dynamik oder Rollenkonstellation. Wenn sie gut vorbereitet sind, werden Simulationen sehr streng an konkrete Anforderungssituationen angelehnt, die es im Managementalltag oder in einer bestimmten Funktion, um die es geht, häufig gibt. Hier werden selten extreme, sondern eher typische Situationen herangezogen. Man muss also nicht damit rechnen, in Rollenspielen mit Vorfällen oder Konstellationen konfrontiert zu werden, die völlig unrealistisch sind oder nur höchst selten passieren. Die Teilnehmer erhalten eine häufig sehr differenzierte Beschreibung der Konstellation, ihrer eigenen Rolle darin, der Rolle des Gesprächspartners sowie des Anlasses und der Gründe des Gesprächs. Häufig werden auch bestimmte Zielsetzungen vorgegeben, die man im Gespräch erreichen soll, sie sind allerdings in der Regel eher allgemein gehalten und sollen sicherstellen, dass bestimmte Aspekte und Vorgehensschritte vom Teilnehmer auf jeden Fall realisiert werden.

Der wichtigste Vorteil von Simulationen besteht darin, dass sie einen Blick in die Zukunft und in bisher nicht erlebte Konstellationen erlauben: Der Teilnehmer handelt unter Bedingungen und Anforderungen, die bisher so nicht bestanden. Für die Auditoren wird es möglich, sich ein Bild darüber zu machen, wie er auf bestimmte Situationen und Reize reagiert, welche Verhaltensmuster, welches Rollenrepertoire er beherrscht und wie er bestimmte Problemstellungen löst, mit denen er bisher nicht konfrontiert wurde. Zudem kann die Einschätzung dieser Aspekte sehr systematisch geschehen, wenn sie mit Hilfe eines geeigneten Bewertungssystems und mit einer hohen Aufmerksamkeit und differenzierten Auswertung umgesetzt wird.

Für Teilnehmer sind solche Simulationen hingegen häufig besonders schwierig, da es ungewohnt ist, in Rollenspielen vor Beobachtern zu agieren und einen Part zu übernehmen, den man nicht kennt und über den man, verglichen mit Alltagssituationen, wenig weiß. Dazu

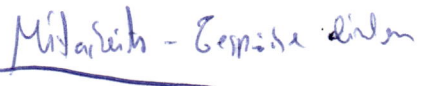

kommt die grundsätzliche Anspannung, dass das, was man hier tut und wie man den Fall löst, die Basis für die Annahme bildet, ob und wie man zukünftig in der Lage sein wird, ähnliche Anforderungen zu meistern.

All diese Vorbehalte gegenüber Simulationen klingen mit, wenn Teilnehmer sie als „Spielchen" oder „Schauspielerei" bezeichnen, an der sie sich nur ungern beteiligen. Sie betonen dabei, dass ihnen der Realitätsbezug dieser Aufgaben fehle. Das wiederum erscheint etwas überraschend, da es eine der zentralen Anforderungen an die Gestaltung von Simulationen ist, insbesondere von Rollenspielen, die Teilnehmer so nah wie möglich an die tatsächlichen Alltagssituationen heranzuführen. Sie sollen gerade die typischen Situationen und Herausforderungen abbilden. Allerdings muss auch festgehalten werden, dass es dabei nicht in erster Linie darum geht, alles genau so darzustellen, wie es in der Wirklichkeit stattfindet. Der entscheidende Punkt ist, ob es gelingt, die wichtigen Anforderungen abzubilden und das Verhalten einer Person unter diesen Anforderungen sichtbar zu machen. Dass man im Alltag beispielsweise vieles über den Mitarbeiter weiß, mit dem man spricht, ihn und seine typischen Reaktionen kennt und einschätzen kann, ist klar und dass die spärlichen Informationen, die man demgegenüber in einem Rollenspiel über den dargestellten Mitarbeiter hat, viele Fragen offen lassen, ist auch klar. Dennoch ermöglicht die Simulation eines Mitarbeitergesprächs das, wozu sie gedacht ist: Sie zeigt, wie jemand ein kritisches Gespräch mit einem Mitarbeiter unter bestimmten Vorgaben angeht. Wenn ihm das in der Realität leichter fällt, weil er mehr über den Gesprächspartner weiß, ist das erfreulich. Die Anforderung ist in der Simulation durch die größere Zahl unbekannter Faktoren etwas höher. Aber die Reaktionsmuster, die der Rollenspieler zeigt, werden meist sehr typische und realistische sein.

Andererseits ist klar, dass der Rückschluss auf den Alltag natürlichen Grenzen unterliegt. Aber er ist zweifelsfrei stichhaltiger als bei Methoden, die lediglich nach möglichem und wahrscheinlichem Verhalten fragen, aber nicht die Anforderung stellen, ein Verhalten auch tatsächlich zu in die Praxis umzusetzen. Zwischen dem Wissen, was richtig ist und dessen überzeugender Umsetzung im eigenen Verhalten besteht ein erheblicher Unterschied. Nicht jeder, der weiß, wie man sich verhalten sollte oder müsste, um ein bestimmtes Ziel zu erreichen, tut dies auch. Das kann grundsätzlich an zweierlei Dingen liegen: Er *weiß* es zwar theoretisch, aber die praktischen Möglichkeiten fehlen ihm, er *kann* es nicht. Oder er *weiß*, was richtig wäre, er *könnte* es auch tun, hat also die erforderlichen Fähigkeiten dazu, aber es fehlt ihm die Motivation, er *will* es nicht. In Simulationen im Rahmen von Management Audits sieht man lediglich, was der Teilnehmer kann, aber nicht, ob er dieses Können im Alltag auch umsetzen wird. Es ist zu bedenken, dass es bei der Methodik im Management Audit immer darum gehen sollte, mit der Einschätzung und Vorhersage des Verhaltens einer Person möglichst nahe an den zukünftigen Alltag heranzukommen. Da man nicht den Aufwand treiben kann, einer großen Zahl von Personen eine Art Probezeit im Alltag zu ermöglichen und erst danach zu entscheiden, wer der oder die Richtige ist, ist man mit einer Kombination aus Interview und Simulation einen deutlichen Schritt weiter in dieser Vorhersage als ohne sie.

Simulationen helfen, die Lücke zu füllen, die die Vorhersage aus Leistungsdaten zurück lässt. Sie sind also umso wertvoller, je mehr neue Anforderungen eine zukünftige Aufgabe mitbringt, zu deren Bewältigung die bisherige Leistung keine ausreichende Bewertungsgrundlage bietet. Entscheidend für Validität und Akzeptanz von Simulationen ist ihre strenge Anforderungsorientierung und ein möglichst hoher Realitätsbezug des gewählten Szenarios.

2.5.2 Typische Bewertungskriterien in Simulationen

Simulationen bieten grundsätzlich die Möglichkeit, eine ganze Reihe von persönlichen, sozialen und Führungskompetenzen einzuschätzen. Es sind die meisten der Kompetenzkriterien einschlägig, die im Kapitel „Die wichtigsten Fragen" zu diesen Bereichen dargestellt wurden. Welche Kompetenzen im Einzelnen herangezogen werden, ist sehr vom Inhalt und der Zielsetzung der konkreten Aufgabenstellung abhängig.

Persönliche Kompetenzen

- Entscheidungsfähigkeit
- Flexibilität
- Glaubwürdigkeit
- Initiative/Engagement
- Loyalität (gegenüber dem Unternehmen)
- Persönliche Ausstrahlung (Charisma)
- Selbstvertrauen
- Unabhängigkeit
- Verbindlichkeit
- Ziel- und Ergebnisorientierung

Soziale Kompetenzen

- Argumentation
- Beziehungsmanagement
- Durchsetzungsfähigkeit
- Kommunikation

- Konfliktfähigkeit
- Kontaktfähigkeit
- Kooperation
- Soziale Sensibilität (Einfühlungsvermögen)
- Überzeugungsfähigkeit

Führungskompetenzen

Führungskompetenzen werden im Rahmen von Simulationen nur dann eine Rolle spielen, wenn das Führungsverständnis und die Ausübung der Führungsrolle einen wichtigen Teil der Aufgabenstellung darstellt.

- Motivationsfähigkeit
- Delegation
- Kontrolle
- Personalentwicklung

Business-Kompetenzen

- Dienstleistungs-/Kundenorientierung
- Strategisches Denken und Handeln
- Unternehmerisches Denken und Handeln
- Veränderungsmanagement

3. Fazit für Sie als Teilnehmer am Management Audit

- Als Teilnehmer sollten Sie die Zielsetzungen, die mit dem Audit verfolgt werden, möglichst genau kennen. Das verleiht Ihnen zum einen mehr Sicherheit und Sie werden zum anderen besser nachvollziehen können, warum das Audit in bestimmter Weise aufgebaut ist und durchgeführt wird. Schließlich können Sie auch Ihr eigenes Verhalten besser auf das abstimmen, worauf es den Durchführenden ankommt.

- Nutzen Sie die Critical-Incident-Analyse, um die Erfolgsfaktoren in der Position oder in den Positionen, um die es geht, möglichst gut zu identifizieren. Das wird Ihnen helfen, sich ein Bild von den zentralen Anforderungen zu machen, um die es auch im Management Audit gehen dürfte.

- Wahrscheinlich wird Ihnen das Kompetenzmodell, das dem Audit zugrunde liegt, nicht bekannt sein. Aber es kann sich lohnen, danach zu fragen und möglichst viele Informationen darüber zu erhalten, welche Kompetenzen für die Einschätzer die wichtigsten sind. Ihr Hauptargument: Sollte man nicht im Audit ebenso wie im Alltag möglichst genau wissen, was von einem verlangt wird, damit man es gut macht?

- Achten Sie während der Teilnahme darauf, ob die wichtigsten Qualitätskriterien eingehalten werden: die Professionalität der Abläufe, die Strukturiertheit und Standardisierung der Bausteine, die Konzentration, mit der Einschätzer und Moderation ihren Job machen und der Respekt und die Aufmerksamkeit, die man Ihnen gegenüber zeigt. Bei gröberen Mängeln sollten Sie erwägen, Ihre Interessenvertreter darauf aufmerksam zu machen bzw. selbst das Gespräch darüber suchen. Letzteres wird allerdings aufgrund der Rollenkonstellation in der Regel nicht gut gehen.

- Bereiten Sie sich auf Interviews im Rahmen von Management Audits vor, indem Sie die wichtigsten Daten zu Ihrer bisherigen beruflichen Entwicklung parat haben. Das gilt nicht nur für Jahreszahlen, sondern auch für Schwerpunktthemen, Umsätze, Budgets, Projektmanagementerfahrung und Führungsverantwortung in ihren bisherigen Rollen und Aufgaben etc.

- Bedenken Sie, dass Interviews Ihnen vor allem die Gelegenheit geben, sich selbst zu positionieren, ihre Gedanken, Meinungen und Grundhaltungen deutlich zu machen. Nutzen Sie diese Gelegenheit!

- Denken Sie daran, dass im Interview neben den Inhalten immer sehr stark das persönliche Auftreten, die Kommunikation und die Beziehungsgestaltung zum Interviewer Gegenstand der Aufmerksamkeit der Einschätzer sein werden. Nutzen Sie die in diesem Buch vorgeschlagenen Verhaltensweisen, die in diesem Zusammenhang hilfreich sind (s. o.).

- Interviewer möchten Sie als Menschen kennen lernen. Sie sollten Ihnen die Gelegenheit dazu bieten und können dabei selbst entscheiden, welche Ihrer Persönlichkeitsfacetten Sie besonders hervorheben. Bleiben Sie dabei aber immer klar und glaubwürdig.

- Reflektieren Sie schon vor dem Audit einige wichtige Themen, auf die man Sie möglicherweise ansprechen wird: persönliche Werte, Motive, die Sie antreiben, spezifische Vorlieben und Abneigungen im Hinblick auf bestimmte Tätigkeiten, Denk- und Verhaltensmuster, die Sie kennzeichnen, sowie Ihre Sicht Ihrer Stärken und Schwächen. Vermeiden Sie bei alledem vor allem Oberflächlichkeit und Allgemeinplätze.

- Denken Sie im Vorfeld auch über einige wichtige Management- und Führungsthemen nach und bilden Sie sich eine eigene Meinung dazu. Solche Themen können sein: Ihr Verständnis von unternehmerischem sowie von strategischem Denken und Handeln, Ihre Auffassung von Kunden- bzw. Dienstleistungsorientierung, Ihre Meinung zur Bedeutung der eigenen aktuellen oder einer zukünftigen Rolle im Unternehmen, Ihre Sicht der Gestaltungsspielräume in diesen Rollen, Ihre Meinung zu notwendigen oder sinnvollen Veränderungen im Unternehmen, insbesondere in Ihrem Verantwortungsbereich.

- Wenn Persönlichkeitsfragebögen eingesetzt werden, ist es in der Regel ratsam, sie spontan und unvoreingenommen auszufüllen und nicht zu versuchen, sie zu verfälschen. Ihre Bedeutung im Rahmen von Management Audits ist eher die einer ergänzenden Information und sie dienen im Wesentlichen dazu, eine vertiefte Basis für das Gespräch über die eigene Entwicklung zu ermöglichen. Wenn ein Ergebnis, das Sie nicht passend beschreibt, dafür herangezogen wird, ist das auch für Sie selbst nicht hilfreich.

- Bestehen Sie darauf, eine differenzierte Rückmeldung zum Ergebnis des Persönlichkeitsfragebogens zu erhalten. In der Regel bieten Anbieter solcher Inventare auch mehr oder weniger ausführliche Darstellungen und Interpretationshilfen an. Ein persönliches Gespräch mit dem Auswerter führt in der Regel allerdings noch weiter.

- Achten Sie bei der Bearbeitung von Fallstudien vor allem darauf, dass Sie möglichst konzentriert und ruhig sind. Bearbeiten Sie die Aufgabe auf jeden Fall in den Aspekten, die Ihnen möglich sind – auch wenn Sie den Eindruck haben, dass Ihre Lösung nicht perfekt ist oder aus Ihrer Sicht sogar gröbere Mängel aufweist.

- Achten Sie bei der Bearbeitung von Fallstudien und Präsentationen darauf, dass Ihnen ausreichend Zeit bleibt, die Darstellung der Ergebnisse angemessen vorzubereiten.

- Typischerweise bieten Präsentationsaufgaben Spielräume, sich inhaltlich zu positionieren, Kreativität zu zeigen und Lösungskompetenz zu vermitteln. Die Aufgabenstellungen sind häufig so offen gehalten, dass Sie selbst entscheiden können, wie Sie sie angehen. Nutzen Sie diese Gelegenheit zur Profilierung!

- Bauen Sie möglichst einen Spannungsbogen von den grundsätzlichen, strategischen, abstrakteren Gesamtzusammenhängen bis hin zu konkreten Maßnahmen auf. Und achten Sie darauf, ob die Themenstellung eine Darstellung der eigenen Rolle verlangt oder sinnvoll erscheinen lässt.

- Bedenken Sie, dass in Präsentationsaufgaben neben der wichtigen inhaltlichen Kompetenz auch die Kompetenz im Auftreten und der Überzeugung von Zuhörern eine wichtige Rolle spielt. Achten Sie also neben den Inhalten auf diese Aspekte!

- Bedenken Sie, dass sich die Wirksamkeit einer Präsentation auch im Management Audit aus den Faktoren Person des Vortragenden, Zuhörerorientierung des Vortrags, inhaltliche Tiefe und Klarheit sowie gelungene technische Umsetzung ergibt.

[handschriftliche Notizen am Seitenende]

Tipps für das Audit

1. Naivität kommt vor dem Fall

Gelegentlich verkünden Teilnehmer am Management Audit nicht ohne Stolz, sie hätten sich nicht auf das Audit vorbereitet, sondern seien in der Absicht da, sich einfach so zu geben, wie sie sind. Das mag auf den ersten Blick sehr sympathisch und offen wirken, und man ist geneigt, die Gelassenheit und den Mut zu bewundern, der darin zum Ausdruck kommen mag, und dem so Gewappneten viel Glück zu wünschen.

Nicht selten werden Teilnehmer auch dazu aufgefordert, sich am besten gar nicht speziell auf eine Teilnahme an einem Management Audit vorzubereiten, sondern einfach so dorthin zu gehen, wie sie sind. Wie denn auch sonst, möchte man fragen! Freilich ist mit diesem gut gemeinten Ratschlag in aller erster Linie angestrebt, Teilnehmer davon abzuhalten, sich ein ganz bestimmtes Verhalten, eine bestimmte Rolle, eine Attitüde oder was auch immer zuzulegen, die ihnen, aus welchen Überlegungen heraus es auch sein mag, sinnvoll erscheinen, um zu einem guten Ergebnis zu gelangen. „Bereiten Sie sich am besten gar nicht vor!" soll also eigentlich so viel heißen wie: „Legen Sie sich nicht eine bestimmte Rolle zurecht und spielen Sie den Einschätzern nichts vor!" Dahinter steckt in der Regel die simple Überlegung: Die merken das früher oder später und dann ist es völlig vermurkst! Wenn man davon ausgehen könnte, mit dem Rollenspiel erfolgreich zu sein, könnte man es nach dieser Betrachtungsweise durchaus damit versuchen, oder?

Diese mit viel Inbrunst und Leidenschaft geführte Diskussion um Chancen und Risiken der schonungslosen Selbstdarstellung krankt daran, dass an der falschen Linie gekämpft wird. Man kann natürlich lange darüber diskutieren, ob man in einem Management Audit eine bestimmte Rolle zu spielen versuchen sollte oder nicht. Aber man wird diese Frage nie ein für allemal beantworten können.

Der eine Manager sieht im Audit eine Methode, mit der ein Unternehmen eine Stelle besetzen will, er möchte diese Stelle gern haben, hat bestimmte Vermutungen darüber, wie man sich geben sollte, um ausgewählt zu werden und versucht, sich entsprechend zu verhalten. Wenn seine Hypothesen zutreffen und wenn er sich in seinen eigenen Fähigkeiten nicht täuscht, eine absolut sinnvolle Strategie. Wenn ...

Ein anderer Manager betrachtet das Audit als eine Möglichkeit, durch möglichst große Offenheit einen realistischen Abgleich zwischen dem eigenen Fähigkeitsprofil und dem Anforderungsprofil, um das es geht, zu erreichen. Wenn die Methodik es erlaubt, zu einem so umfassenden Bild zu kommen, wenn die Einschätzer zu wirklich differenzierten und ausreichend tiefen Einsichten gelangen und über hohe Beurteilungskompetenzen verfügen und wenn es dem Teilnehmer gelingt, seine Stärken wirklich zu vermitteln und seine Schwächen konstruktiv zu reflektieren, kann auch diese Strategie sehr sinnvoll sein. Wenn ...

Die Frage ist nicht: Soll ich versuchen, mich in einem bestimmten Licht darzustellen oder nicht? Soll ich mich verstellen oder nicht? Soll ich ich selbst sein oder eine irgendwie davon abweichende Gestalt? Nehmen wir einmal den Fall, den wir niemandem wünschen: Jemand ist in entscheidenden Anforderungskriterien vergleichsweise wenig begabt, unerfahren oder gar beides. Nehmen wir weiter an, ein solcher Kandidat stößt auf ein vergleichsweise dürftig gestaltetes Audit. Innerhalb eines kurzen Interviews sollen die verschiedensten Aspekte der fachlichen, sozialen und Führungskompetenz eingeschätzt werden. Womöglich ist der Interviewer selbst ebenfalls nicht sehr erfahren und müht sich redlich, stellt aber keineswegs nur gute Fragen. Für den Teilnehmer ist aus seiner Sicht ein gutes Abschneiden wichtig – in der Regel ist das ja sogar nicht nur aus seiner Sicht so. Wäre er nicht dumm, wenn er sich die Gelegenheit entgehen ließe, ein wenig zu blenden und zu bluffen? Der Interviewer hätte im beschriebenen Fall ja weder die Methodik noch die Zeit noch die Fähigkeiten, alle Lücken und Untiefen aufzudecken. Sollte man überhaupt demjenigen, der offenkundige Lücken in Wissen und Fähigkeiten hat, wirklich empfehlen, sich so zu geben, wie er ist? Solange er vielleicht doch eine Chance hätte, sich mit ein paar Tricks positiv darzustellen, wäre dieser Rat wohl nicht sehr fair, oder?

Unter bestimmten Prämissen wirkt also der Ratschlag „Gib dich einfach, wie du bist, und bereite dich am besten gar nicht vor!" sogar etwas naiv. Unter anderen Voraussetzungen hingegen erscheint er ausgesprochen angemessen und der Ratgeber strahlt kluge Weitsicht aus. Das gilt typischerweise dann, wenn man von sehr ausgeprägten Fähigkeiten und einer sehr überzeugenden persönlichen Wirkung eines Teilnehmers ausgehen kann. Er liefe ja mit größerer Wahrscheinlichkeit Gefahr, durch das Spielen bestimmter Rollen an Überzeugungskraft zu verlieren, als ohne die Übernahme solcher ihm fremden Verhaltensweisen.

Die Sache wird aber noch komplizierter. Auch derjenige, dem man getrost sagen kann: „Geh einfach so hinein, wie du bist!" sollte sich unter Umständen dringend vorbereiten. Es gibt überhaupt keine logische Verknüpfung zwischen einem offenen und unverstellten Zugang zu einem Management Audit und dem Verzicht auf jegliche Vorbereitung darauf. Vielfach wird aber genau dieser Zusammenhang implizit unterstellt: Wer sich vorbereitet, ist nicht mehr locker und nicht mehr er selbst. Bei näherem Hinsehen wird deutlich, dass diese Annahme nur dann eine gewisse Wahrscheinlichkeit für sich hat, wenn sich vorzubereiten bedeutet, sich zu verstellen. Jedoch ist auch diese Verknüpfung weder zwingend noch sinnvoll.

Über alle individuellen Besonderheiten hinwegsehend, lassen sich aus dem Gesagten vielleicht zwei Hauptfehler in der Vorbereitung erschließen: Der erste Fehler besteht im Unterlassen jeglicher Vorbereitung. Der zweite Fehler besteht darin, die vielen Faktoren und ihr Zusammenspiel zu unterschätzen, die die Erkenntnis der richtigen Verhaltensstrategie und deren Einüben im Vorfeld zu einer ausgesprochen diffizilen Angelegenheit machen. Dieser zweite

Fehler besteht also nicht grundsätzlich im Einüben bestimmter Verhaltensweisen bzw. eines bestimmten Auftretens. Das kann unter bestimmten Umständen zielführend sein. Der Fehler besteht darin, die Komplexität der Bedingungen, unter denen diese Strategie erfolgreich sein kann, nicht zu erkennen oder falsch einzuschätzen. Diese Komplexität reduziert die Erfolgswahrscheinlichkeit dieser Strategie auf einige wenige, sehr einfach gelagerte Fälle.

Es ergeben sich einige wichtige Einsichten:

- Unverkrampft und offen in ein Management Audit zu gehen führt nicht zum notwendigen Verzicht auf Vorbereitung.

- Der Verzicht auf eine angemessene Vorbereitung kann durchaus naiv sein.

- Vorbereitung auf ein Management Audit ist nicht zwingend und nicht sinnvollerweise gleich zu setzen mit dem Einüben bestimmter Rollen und Verhaltensweisen.

- Wie genau ich mich vorbereite, ist die entscheidende Frage.

2. Die individuelle Vorbereitung

2.1 Die Einstellung

Erfolg beginnt im Kopf

Nur die wenigsten Menschen werden sich spontan darüber freuen, wenn sie zu einem Management Audit eingeladen werden. Die Aussicht auf eine solche Teilnahme verursacht sehr häufig vielmehr eine Mischung aus Verärgerung, Unsicherheit, Ängsten und Frustration. Diese Gefühle entstehen in erster Linie aus bestimmten, sich häufig spontan einstellenden, wie selbstverständlich anmutenden Gedanken über die Situation und die eigenen Fähigkeiten. Im Hinblick auf die Situation lautet das Thema in der Regel: „Es ist ungerecht, mir so etwas zuzumuten, und überhaupt nicht verständlich, was das nun soll". Unzumutbarer Unsinn! Im Hinblick auf die eigenen Fähigkeiten führt eine häufig große Unsicherheit über die Erwartungen dazu, Selbstzweifel und Bedenken zu nähren.

Auf der Basis einer solchen Einschätzung wird es schwierig sein, sich auf die Teilnahme einzulassen und darüber nachzudenken, was sinnvoll und hilfreich wäre, um sich angemessen darauf vorzubereiten. Es werden eher Ablehnungs-, Widerstands- und Fluchtgedanken sein, mit denen man sich trägt. Diese Gedanken sind aber nur dann hilfreich, wenn Ablehnung, Widerstand oder Flucht tatsächliche Optionen sind. Für viele Manager, die gebeten werden, an einem Audit teilzunehmen, werden aber diese Optionen nicht realistisch sein.

Der sinnvollste Weg, konstruktiven und kreativen Gedanken Raum zu machen, besteht darin, andere Perspektiven einzunehmen und sich selbst eine positive Grundhaltung zur Teilnahme am Management Audit zu erarbeiten. Diese positive Grundhaltung ist die entscheidende Basis für alle weiteren Bausteine, die eine erfolgreiche Teilnahme am Audit ermöglichen. Sie braucht vor allem folgende Bedingungen, um wachsen zu können:

- Informieren Sie sich! Verschaffen Sie sich so viel Wissen wie möglich über die Anlässe und Gründe, die Zielsetzungen und Konsequenzen des Verfahrens sowie dessen konkrete Gestaltung. Damit dürfte in aller Regel bereits ein sehr wichtiger Schritt zu einem brauchbaren Maß an Aufmerksamkeit und innerer Spannung getan sein.

- Raus aus dem Schmollwinkel! Auch wenn Sie bisher viel geleistet haben, auch wenn Sie dem Unternehmen schon viele Jahre treu sind: Hat Ihnen je irgendwer versprochen, dass Sie nie an einem Management Audit würden teilnehmen müssen? Brüten Sie nicht darüber, warum man Ihnen das antut. Spielen Sie nicht die beleidigte Leberwurst. Erkennen Sie an, dass die Herausforderung ansteht. Alles andere nützt Ihnen weniger.

- Erkennen Sie die Chancen! Niemand bestreitet, dass ein Audit schlecht ausgehen kann. Aber in vielen Fällen ist der mögliche Schaden sehr begrenzt. Häufig fällt man weich. Der mögliche Nutzen ist dem gegenüber vielfach groß. Sie erhalten eine faire und ansehnliche Chance, sich zu positionieren und zu empfehlen. Kompetente Menschen befassen sich intensiv mit Ihnen und können Ihnen hilfreiche Hinweise für die eigene Entwicklung geben.

- Entscheiden Sie sich! Die Teilnahme am Audit ist freiwillig. Niemand bestreitet, dass diese Freiwilligkeit im mikropolitischen Kosmos vielfach als eher hypothetisch wahrgenommen wird. Aber sie ist, wenn man bereit ist, die Konsequenzen zu tragen, real und nicht nur hypothetisch. Niemand wird Sie ins Audit zwingen können. Entscheiden Sie sich, ob Sie teilnehmen wollen oder nicht. Und auch eine Entscheidung angesichts starker Kräfte, die Sie zur Teilnahme drängen, sollte eine innere Entscheidung sein. Hier ist jede Entscheidung besser als keine Entscheidung. Auch die Entscheidung gegen eine Teilnahme verlangt viel innere Stärke und Rückgrat in den Auseinandersetzungen, die wahrscheinlich darauf folgen werden.

Es gibt sicherlich noch viele weitere Möglichkeiten, das eigene Denken über eine so schicksalhafte Prüfung zu beeinflussen, aber diese vier Aspekte sind wohl unverzichtbar. Genau so unverzichtbar wie die positive Grundhaltung, deren Basis sie sind.

2.2 Das Wissen

Manche Daten und Fakten sollte man einfach parat haben. Es gibt insbesondere im Interview, immer wieder Fragen, die Wissen erfordern. Ebenso können Präsentationsaufgaben oder Fallstudien Wissen über Märkte, Unternehmen, Produkte und Entwicklungen verlangen.

Eine gute Vorbereitung kann daher bedeuten, sich mit den relevanten Themen noch einmal zu beschäftigen. Freilich wird jetzt der aufmerksame Leser fragen: Und woher weiß ich, welche Themen relevant sind? Die Antwort kann nur lauten: Wenn im Management Audit Wissen eine Rolle spielt, dann Wissen, das man Ihnen zutraut oder das man von Ihnen erwartet, weil es für die Aufgaben, um die es im Audit geht, wichtig ist. Sie sollten also an all die Aspekte denken, die Sie als wichtig erachten. Unter Umständen sind darunter etliche, in denen Sie ohnehin alles Wesentliche präsent haben, ggf. aber gibt es auch Themen, mit denen Sie sich schon geraume Zeit nicht mehr intensiv auseinander gesetzt haben. Diese Inhalte noch einmal aufzufrischen, könnte eine sinnvolle Vorbereitung sein.

Auf jeden Fall sollten Sie mit den folgenden Themen rechnen:

- Daten und Fakten zur Entwicklung der Verantwortung, die Sie wahrgenommen haben; vorrangig sind die Verantwortung für Umsätze und Budgets, erreichte Ergebnisse, Akquisitionsverantwortung und Mitarbeiterverantwortung: Wann? Wie viel? In welchen Zeiträumen?

- Wissen über die strategischen Ziele und die Strategie Ihres Unternehmens sowie die Bedeutung dieser Strategie für notwendige Veränderungen im Unternehmen, Erkenntnis der Hindernisse und Widerstände, die es zu überwinden gilt. Die Auseinandersetzung mit strategischen Fragestellungen ist auch dann wichtig, wenn Sie selbst nicht in den obersten Managementebenen angesiedelt sind.

- Betriebswirtschaftliches Wissen: Welche wesentlichen Kennzahlen sind wichtig für die Bemessung Ihres Erfolgs bzw. des Erfolgs Ihres Unternehmens? Wie steht Ihr Verantwortungsbereich bzw. das Unternehmen im Hinblick auf diese Kennzahlen da, wie stehen die wichtigsten Wettbewerber da? Was ergibt sich daraus?

- Wissen über Prozesse, über Methoden, Tools und Systeme, seien sie fachliche, organisatorische oder auch Managementinstrumente; je nach bisheriger Verantwortung und je nach Zielbereich, der im Audit in Frage steht, können Prozessverständnis und Kenntnisse in Systemen der Prozessoptimierung und der Innovation von besonderem Interesse sein. Auch Wissen über wichtige Management- und Führungsinstrumente wie Informationssysteme, Zielvereinbarungsprozesse oder Beurteilungs- und Belohnungssysteme kann einschlägig sein.

2.3   Das Gefühl

Die emotionale Stabilität ist eine der wichtigsten Voraussetzungen für einen positiven Verlauf des Management Audits. Das bedeutet keineswegs Spannungsfreiheit, Lockerheit oder gar Glücksgefühle angesichts einer solchen Prüfung. Eine gehörige Grundspannung wird durchaus dazu beitragen, sich auf die Angelegenheit ausreichend zu konzentrieren, nach Möglichkeiten zu suchen, sich darauf einzustellen und vorzubereiten und dadurch mit der erforderlichen Ernsthaftigkeit an die Sache heranzugehen. Aber Ängste und Zweifel können schnell überborden und die wünschenswerte innere Spannung zu einer Zerreißprobe werden lassen. Daher ist es wichtig, in der Vorbereitung auch Dinge zu tun, die für Entspannung sorgen. Selbstverständlich sind die Möglichkeiten, sich zu entspannen, für jeden einzelnen Menschen unterschiedliche, aber ein paar Anregungen sollen hier dennoch nicht fehlen.

Schon das bisher Gesagte spielt in diesem Zusammenhang eine wichtige Rolle: Wenn Sie sich intensiv mit Ihrer Einstellung auseinandersetzen, zu einer konstruktiven Sicht auf das Audit gelangen und sich innerlich bewusst für die Teilnahme entscheiden, wird das für eine größere emotionale Entspannung einen wichtigen Beitrag liefern. Und wenn Sie sich darüber hinaus im Vorfeld des Audits mit wichtigen inhaltlichen Fragestellungen und Wissensaspekten auseinandersetzen, wird auch diese Vorbereitung dazu beitragen, dass Sie ein größeres Gefühl der Sicherheit entwickeln.

Ihre Gefühle dem Management Audit gegenüber werden ganz maßgeblich von Ihren Gedanken darüber bestimmt. Daher haben Sie eine sehr wirksame Möglichkeit, diese Gefühle zu beeinflussen: Überprüfen und steuern Sie Ihre Gedanken! Dabei geht es nicht um eine banale Aufforderung, das Ganze positiv zu sehen. Denn ein Management Audit birgt zweifellos eine Menge an schwer einschätzbaren Faktoren, die das eigene Abschneiden beeinflussen und die bei weitem nicht alle angenehm sind. Es ist nur typischerweise so, dass der gedankliche Fokus auf den Problemen, den möglichen Listen und Tücken, den Fallstricken, den drohenden üblen Konsequenzen und überhaupt dem Ungemach der ganzen Angelegenheit liegt.

Da kann es sehr hilfreich sein, alle positiven und negativen Gedanken aufzulisten, die man angesichts des Managements Audits haben kann. Beginnen Sie mit Ihren spontanen Assoziationen und schauen Sie darauf, welche Seite überwiegt. Erarbeiten Sie dann für die andere Seite das, was Sie eventuell übersehen haben. Fragen Sie sich auch sehr genau, ob Sie mögliche besondere Herausforderungen, Schwierigkeiten, Risiken, die Sie im Hinblick auf Ihre Person beachten sollten, übersehen haben. Aber betrachten Sie das ganze auch durch eine weniger kritische Brille und formulieren Sie positive Gedanken zum Audit. Fragen Sie andere Menschen, wie sie darüber denken. Was könnte gut oder vorteilhaft daran sein? Und welche unangenehmen Aspekte, Probleme oder Schwierigkeiten könnten auftauchen? Vervollständigen Sie Ihre Liste immer mehr. Wenn Sie sich entschieden haben, am Audit teilzunehmen: Machen Sie sich vor allem die positiven Aspekte bewusst und überlegen Sie sich, welche Möglichkeiten Sie haben, mit den negativen Aspekten umzugehen. Suchen Sie nach Lösungen dafür. Diese Lösungen sind oft eine Frage der Selbstkontrolle: Geben Sie sich den negativen Gedanken nicht intensiver hin als den positiven: Versuchen Sie es eher umgekehrt. Die Zielsetzung sollte eine realistische Sicht auf Chancen und Risiken angesichts Ihrer individuellen Persönlichkeit und angesichts des konkreten Verfahrens sein, das Ihnen bevorsteht. Wenn Sie teilnehmen wollen, legen Sie dann aber mehr Aufmerksamkeit auf die positiven als auf die kritischen Aspekte und entwickeln Sie für letztere Ihre persönliche Strategie, damit umzugehen. Weder Schönfärberei und Beschwichtigung noch Schwarzmalerei und Katastrophenbeschwörung sind hilfreich, aber eine konstruktive Perspektive ist erforderlich.

Wodurch noch wird Ihr Gefühl dem Audit gegenüber beeinflusst und gesteuert? Welche treibenden Kräfte stehen vielleicht hinter der Kraft, die bestimmte Gedanken immer wieder in den Vordergrund schieben? Hier werden schnell Fragen relevant, die in den Bereich der Persönlichkeit des Einzelnen, seiner individuellen Denk- und Verhaltenssteuerung hineinreichen. Ob und wie weit jemand die herausragende berufliche Situation, die ein Management Audit im Einzelfall darstellen kann, zum Anlass nimmt, sich weitaus intensiver mit sich selbst, mit eigenen Motiven, Emotionen und Prägungen auseinanderzusetzen, bleibt jedem selbst überlassen.

2.4   Das Verhalten

Nicht ohne Grund steht das Verhalten in der Kette der hier aufgeführten Vorbereitungsfelder an letzter Stelle – auch wenn so mancher es vordergründig für das Wichtigste halten mag, das „richtige" Verhalten zu üben. Immer wieder begegnen einem im Management Audit Verhaltensmuster, die wie eingeübt wirken und das Auftreten sehr stark als kontrolliert eingesetzte Bewältigungsstrategie für diese schwierige Situation erscheinen lassen. Abgesehen davon, dass solche Verhaltensmuster sehr schnell auffällig sind, ins Auge springen und dann nicht mehr ihren Zweck erreichen können, absorbieren sie eine Menge Energie, die besser in konzentriertes Arbeiten an inhaltlichen Fragen gesteckt würde.

Anscheinend ist der Rückgriff auf vermeintlich rettende Verhaltensmuster für viele Menschen attraktiv, die sich ungewohnten, vielleicht beängstigenden Situationen gegenüber sehen. Hier also noch ein Grund mehr, die Ängste selbst zu kontrollieren und nicht das Verhalten! Letzteres führt zu leicht in die Irre. Zur Veranschaulichung und Abschreckung seien einige solche typischen Verhaltensmuster skizziert. Zugegeben, sie werden vielleicht etwas überzeichnet sein, aber das sei dem Versuch geschuldet, in kurzen Absätzen deutlich zu machen, worum es geht.

Das überaus angepasste Verhalten

Manche Teilnehmer an Management Audits scheinen sich darauf zu verlegen, alles zu vermeiden, was die andere Seite gegen sie aufbringen könnte. Sie verhalten sich ausgesprochen zuvorkommend, sind in auffälliger Weise freundlich und höflich, sprechen beispielsweise im Dialog, wie etwa während des Interviews, den oder die Einschätzer immer wieder und im Vergleich zum durchschnittlichen Umgang deutlich zu häufig mit dem Namen an. Jede kritische Frage zu einer Aussage des Teilnehmers wird zuallererst mit einem wie auch immer gearteten Zugeständnis beantwortet, die in Frage gestellte Äußerung wird schnell zurückgenommen bzw. relativiert. Auch im informellen Kontakt, beispielsweise in Pausen oder vor bzw. nach den eigentlichen Audit-Bausteinen, herrscht die betonte Absicht vor, jeder Erwartung gerecht zu werden und mögliche Erwartungen, die gar nicht geäußert wurden, vorauseilend zu erforschen, um auch sie zu erfüllen. Die Strategie scheint zu lauten: „Wie es in den Wald hineinruft, so schallt es heraus, wer nicht angreift, wird nicht angegriffen."

Der Effekt solchen Verhaltens auf erfahrene Interviewer bzw. Einschätzer besteht in der Regel darin, dass sie die entsprechenden Transaktionen nicht wie gewünscht beantworten. Sie werden in der Regel dennoch „angreifen", also kritische Fragen stellen, mit Aussagen konfrontieren, Feedback geben, das auf Schwächen oder Fehler hinweist usw. Nicht unwahrscheinlich ist sogar, dass sie in diesen Fällen ganz besonders kritisch und intensiv nachhaken, um den Punkt zu finden, an dem die Fassade fällt. Denn das überaus angepasste Verhalten wirkt sehr schnell wie eine Fassade, hinter der sich offensive Verhaltensanteile verbergen könnten. Dem muss gar nicht so sein, aber die Wahrnehmung der Fassade verlockt dazu, danach zu suchen und dahinter schauen zu wollen. Es ist auch gar nichts gegen offensive Verhaltensanteile einzuwenden, sie werden unter Umständen sogar gewünscht und auch deswegen wird danach gesucht. Insgesamt kann ein verdeckt ausgetragener Konflikt zwischen Teilnehmer und Einschätzern entstehen, der ihre Beziehung belastet. In diesem Konflikt geht es unterschwellig um die Herrschaft in der Situation. Die Vermutung, dass etwas verborgen werden soll, führt zum Nachbohren, das Nachbohren bestätigt die Hypothese, dass man sehr vorsichtig sein sollte, und führt innerhalb des Verhaltensmusters natürlich zum Verstärken desselben überaus angepassten Verhaltens usw.

Das überaus forsche Verhalten

„Angriff ist die beste Verteidigung", so könnte die Strategie des überaus forschen Verhaltens lauten. Manche Teilnehmer wirken so, als wollten sie einen Kampf aufnehmen, sobald sie das Terrain betreten, in dem das Audit stattfindet – oder im Sinne ihrer Wahrnehmung vielleicht eher: in dem das Audit ausgetragen wird. Sie betonen ihre Bereitschaft zur Auseinandersetzung. Sie machen zu jeder sich bietenden Gelegenheit deutlich, dass sie über den Dingen stehen, beispielsweise indem sie darüber räsonieren, dass sie zwar nicht wüssten, was die Teilnahme ihnen bringen könnte und die ganze Veranstaltung ohnehin nicht geeignet sei, ihre Wertschätzung zu erlangen, sie aber selbstverständlich keine Probleme damit hätten, hier zu sein. „Ich habe kein Problem damit" ist eine der typischen Floskeln dieses Verhaltenstyps. Es wird unterstellt, dass die Mehrzahl der übrigen Teilnehmer sicherlich ein solches, wie auch immer geartetes Problem habe, nur man selbst sei von solch kleinlicher Angstmacherei weit entfernt. Im Interview werden immer wieder Aussagen eingestreut, die wenig zur sachlichen Diskussion beitragen, sondern vielmehr den Zweck zu verfolgen scheinen, die eigene Unangreifbarkeit herauszustellen. Selbstkritische Reflexion, Betrachten eigener Defizite, Misserfolge oder Fehler sind Themen, die der Interviewer dann vergeblich anzusprechen versucht. Hier stößt er auf nichts als bedauernde Ratlosigkeit. Nicht selten wird diese andererseits ergänzt um sich wiederholende provokante und den Interviewer herausfordernde Verhaltensweisen. Seine Fragen werden etwa als solche kommentiert, die natürlich zu diesem Zeitpunkt zu erwarten waren, man wäre erstaunt gewesen, wären sie jetzt nicht gestellt worden; seine Gedankengänge werden als gut gemeint, für den überaus forschen Teilnehmer aber natürlich als überaus durchschaubar und längst durchschaut qualifiziert. Unter Umständen geht die

Provokation auch so weit, darauf hinzuweisen, dass man wohl vergessen habe, dieses oder jenes Thema anzusprechen, womit man als Teilnehmer doch sicher habe rechnen müssen oder dürfen usw.

Es ist leicht vorstellbar, dass das überaus forsche Verhalten nicht geeignet ist, eine positive Atmosphäre herzustellen. Am unangenehmsten wird es vermutlich sogar, wenn der bzw. die Einschätzer oder Interviewer auf die Angebote zur Machtprobe einsteigen. Dann wird der verbale Schlagabtausch möglicherweise schnell eskalieren und dank der faktischen Machtverhältnisse in der Situation des Audits werden die Konsequenzen den Kandidaten vermutlich härter treffen als die andere Seite. Man wird allerdings von einem professionellen Interviewer zu Recht erwarten, dass er dieses Muster schnell erkennt und gekonnt darauf reagiert. Er wird sich auf den Kampf nicht einlassen, die Provokation überhören, das Muster allerdings sehr wohl registrieren und als unangebrachte Coping-Strategie einordnen. Vermutlich wird er den Schluss daraus ziehen, dass entsprechende Verhaltensweisen auch in anderen, stressigen und herausfordernden Situationen die Oberhand gewinnen werden und entsprechend kritische Anmerkungen in sein Resümee aufnehmen. Darüber hinaus wird auch hier, ähnlich wie beim zuvor beschriebenen überaus angepassten Verhalten Zeit und Energie darauf verwendet, das Muster zu etablieren bzw. es zu durchbrechen, anstatt eine angeregte, interessierte, gern auch kontroverse Diskussion zu den eigentlich in Rede stehenden Themen zu führen.

Das überaus kontrollierte Verhalten

Sicherlich ist ein Management Audit nicht der Kontext, in dem man ungezwungen und mit größtmöglicher Spontaneität auftritt. Es ist durchaus sinnvoll, sein Vorgehen zu kontrollieren und sich zu überlegen, was man sagt und tut. Manche Teilnehmer aber scheinen darauf zu setzen, das gerade Gegenteil von Lockerheit und Spontaneität zu praktizieren. Sie wählen jedes Wort genau, sie vermeiden jede Gefühlsregung, sie hören nicht nur aufmerksam, sondern geradezu angestrengt zu, sie beobachten sich kontinuierlich selbst und korrigieren ihre Haltung, ihren Gesichtsausdruck, ihre Gestik, ihre Unterlagen und alle Rahmenbedingungen, die sie selbst beeinflussen können. Sie erwecken den Eindruck, sich selbst in einem festen Korsett definierter Regeln stabilisieren zu wollen. Ihre Strategie scheint zu lauten: „Keine falsche Bewegung!" Gerade so als stünden sie unter akuter bewaffneter Bedrohung. Überaus kontrollierte Teilnehmer strahlen eine sehr hohe Wachsamkeit aus, sie registrieren sehr genau, was vorgeht und stellen sich sofort darauf ein. Dabei allerdings scheinen sie stets der Vorgabe zu folgen, sich selbst im Griff zu behalten und nichts Unüberlegtes zu sagen oder zu tun. Das überaus kontrollierte Verhalten führt zu einer sehr eingeschränkten Selbstdarstellung, die vor allem anderen Rationalität, Berechenbarkeit und maximale Beherrschung vermittelt.

Die Wahrnehmung überaus kontrollierten Verhaltens hinterlässt bei Interviewern bzw. Einschätzern in aller Regel das Gefühl, den anderen nicht zu erreichen. Sie haben den Eindruck, mit einem Rolleninhaber, nicht mit einer Person zu sprechen. Sie sehen vor sich ein Modell, nicht eine lebendige Gestalt. In der Tat werden sie einer überaus kontrollierten Person kaum in die Karten schauen können. Wer die Kontrolle durchhält, wird nichts herauslassen, das

nicht herauskommen soll. Allerdings wird sich jeder Interviewer sofort herausgefordert fühlen, die Hülle zu knacken. Auch hier kommt es sehr schnell zu einer Auseinandersetzung am
falschen Objekt. Der Ausgang ist in jedem Fall für den Teilnehmer nachteilig: Sollte es dem
Interviewer gelingen, die Kontrolle zu überwinden, wird er zwar froh sein, doch noch mehr
über die Person zu erfahren, aber es wird der Eindruck bleiben, dass hier jemand außerordentlich strikt und beherrscht agiert, dass Offenheit, Emotionalität, Kontaktstärke und viele
andere, vielfach gewünschte Facetten der Persönlichkeit, nicht ausreichend Raum erhalten.
Das, was er darüber hinaus erfährt, kann den Eindruck zwar relativieren, aber es wird ihn
nicht wettmachen. Umso massiver wird der Eindruck ausgeprägter Restriktion und Kontrolle
das Bild vom Teilnehmer bestimmen, wenn es dem Interviewer nicht gelingt, das überaus
kontrollierte Verhalten zu neutralisieren. Am Ende trat die Person, die man kennen lernen
wollte, nicht in Erscheinung – und dieses Manko wird genau dieser Person zugeschrieben
werden.

Das überaus verschlossene Verhalten

Der überaus kontrollierte Teilnehmer zeigt bei aller Kontrolle und Beherrschung doch Anteil-
nahme. Er ist unter Umständen sogar sehr lebhaft, wenn es um rationale Argumentation und
streng sachbezogene Darstellung geht. Darin unterscheidet sich der überaus verschlossene
Teilnehmer von ihm. Er versucht, sich aus der Sache, in die er sich gerade hineinbegeben hat,
möglichst herauszuhalten. Sein Verhalten ist paradox. Er ist da, erweckt aber häufig den
Eindruck, lieber nicht da sein zu wollen. Er kommt zu einem Gespräch, redet aber wenig und
sagt noch weniger. Fragen werden ausgesprochen spärlich beantwortet, manchmal auch sehr
provokant mit der kürzesten nach logischen Gesichtspunkten möglichen Antwort. Überaus
verschlossenes Verhalten scheint der Strategie zu folgen: „Augen zu – nein. Mund zu und
durch!" Man muss das über sich ergehen lassen, es nützt ja nichts, aber dann auch noch daran
mitzuwirken wäre zuviel verlangt. Es liegt immer der Verdacht nahe, dass hinter überaus
verschlossenem Verhalten nicht ausgeräumte, zum Teil sehr vehemente Vorbehalte gegen die
eigene Teilnahme am Management Audit stehen. Woher diese genau rühren, ist im Einzelfall
sehr unterschiedlich. Das Erscheinungsbild ist aber immer vergleichbar: Massive Zurückhaltung, kaum Kontaktbereitschaft, Abliefern des Mindestmaßes, aber kaum Bemühen um Erfolg und Einflussnahme.

Vermutlich werden manche Leser sich fragen, wer sich tatsächlich so unsinnig verhalten
sollte und zum Glück findet man dieses Verhalten auch nicht sehr häufig. Immer wieder
allerdings taucht es in Kontexten auf, in denen ein Management Audit wenig sensibel vorbereitet und kommuniziert wurde, in dem sich Teilnehmer aufgrund der Vorgehensweise vorge-
führt, nicht ernst genommen und gering geschätzt fühlen. Die subjektiven Bewertungen der
Situation sind dabei häufig verständlich und lösen auch bei Interviewern und Einschätzern
durchaus das Bedürfnis aus, Teilnehmern Brücken zu bauen, Ihnen Verständnis zu vermitteln
und sie zur konstruktiven Zusammenarbeit zu bewegen – leider häufig mit bescheidenem
Erfolg. Wie sollte es auch möglich sein, so gravierende Fehler, wenn sie denn gemacht wurden, durch *ein* Gespräch, noch zudem zum falschen Zeitpunkt, und sei es noch so wohlwol-

lend geführt, auszubügeln. Wenn das Audit einmal läuft, ist es dafür in der Regel zu spät. Es dürfte Einigkeit darin bestehen, dass an Fehlern in der Implementierung eines Audit-Prozesses nichts schön zu reden ist und auf wessen Konto sie gehen, dürfte insoweit ausgemacht sein, als klar ist, dass es nicht das Konto des Teilnehmers ist. Etwas anderes ist es, was ein Teilnehmer, der sich einer solchen Situation ausgesetzt sieht, daraus macht. Diese Konstellation macht einmal mehr deutlich, wie wichtig die reflektierte persönliche Haltung und die innere Entscheidung dem Audit gegen über ist. Wer die Audit-Situation im Wesentlichen dazu nutzt, die innere Ablehnung zu manifestieren, wird nicht damit rechnen können, in der Einschätzung dafür Verständnis zu ernten. Am Ende wird man darauf rekurrieren, dass auch unter noch so ungünstigen persönlichen Umständen eine professionelle und offene Auseinandersetzung geführt wurde und die Teilnahme am Audit daraufhin genutzt wird, um sich möglichst kompetent zu positionieren. Die Verweigerungshaltung wird als Ausfall auf der ganzen Linie gewertet werden.

Fazit

Es ist nicht leicht, das eigene Verhalten für ein Audit richtig zu programmieren, so möchte man meinen. Nicht zu angepasst, nicht zu forsch, zugleich möglichst frei und möglichst offen. Wie soll man sich da einstellen? Die dargestellten Beispiele von Verhaltensmustern, die als Programm wenig hilfreich sind, markieren Grenzen, die zu überschreiten definitiv nicht sinnvoll ist und sollen vor allem eines verdeutlichen: Vorsicht bei der Entwicklung strikter Verhaltensvorgaben in der Vorbereitung auf ein Audit. Die Situationen im Audit sind in aller Regel zu komplex, die Erwartungen zu vielseitig und die soziale und psychologische Kompetenz auf der Seite der Interviewer und Einschätzer zu hoch, um damit punkten zu können. Zum Abschluss sollen aber nicht nur Grenzen aufgezeigt, sondern Spielräume skizziert werden.

3.   Die zehn wichtigsten Regeln

Aufgrund der bisherigen Darstellung ist hoffentlich deutlich geworden, dass es sich spätestens angesichts einer Einladung zu einem Management Audit lohnt, sich etwas gründlicher mit dieser Art von Einschätzung des eigenen Potenzials, aber auch mit der eigenen Persönlichkeit zu beschäftigen.

Dabei ist zweifellos die Vielfalt und Komplexität der möglichen Aspekte, die man dabei berücksichtigen sollte und/oder kann, ausgesprochen groß. Und die möglichen Schlussfolgerungen im Hinblick auf die eigene Vorbereitung, die richtige Einstellung und das angemessene Verhalten, um das Ziel einer erfolgreichen Teilnahme zu erreichen, sind vielfältig. Die wichtigsten Regeln sollen hier dargestellt werden.

1. Erkennen Sie, worum es geht.

Beschäftigen Sie sich intensiv mit den Zielsetzungen, die ein Management Audit verfolgt. Unterscheiden Sie in Ihrer Betrachtung der Situation die Anlässe von den Gründen für eine Durchführung. Versetzen Sie sich in die Lage der Auftraggeber, um zu verstehen, was das Verfahren aus deren Sicht bringen soll. Diskutieren Sie mit den Verantwortlichen und lassen Sie sich mögliche Konsequenzen erläutern. Erfragen Sie die Beurteilungskriterien, das Vorgehen und die Rahmenbedingungen. Machen Sie sich ein möglichst genaues Bild von dem, was Sie erwartet.

2. Definieren Sie den Erfolg.

Bestimmen Sie für sich selbst, worin ein Erfolg im Management Audit für Sie besteht: Es gibt mehr Optionen als man denkt: Neben dem Weiterkommen in der Karriere oder der Zusage für eine konkrete Aufgabe oder Funktion kann Erfolg auch darin bestehen, sich selbst genauer kennen zu lernen und selbst klarer zu sehen, wo Stärken und Schwächen liegen und welche Aufgabe zu Ihnen passt, welche aber auch nicht. Erfolg kann auch darin bestehen, früh genug erkannt zu haben, dass ein zunächst als attraktiv betrachteter beruflicher Weg ein Irrweg wäre.

3. Treffen Sie eine persönliche Entscheidung.

Führen Sie den inneren und ggf. auch den äußeren Dialog über Sinn und Unsinn einer Teilnahme an einem Management Audit definitiv bis zu einer inneren Entscheidung. Eine 50%-Teilnahme geht auf jeden Fall schief! Entscheiden Sie sich und ziehen Sie daraus die Konsequenzen. Wenn Sie mitmachen, dann zu 100%, so dass für das Hadern mit dem Übel kein Raum mehr bleibt.

4. Bereiten Sie sich vor.

Gehen Sie nicht davon aus, dass keine Vorbereitung die beste Vorbereitung auf das Management Audit ist. Entscheidend ist, dass Sie sich angemessen vorbereiten: Erarbeiten Sie sich eine positive Grundhaltung dazu, sorgen Sie dafür, dass Sie das notwendige Wissen bereit halten und achten Sie auf eine nicht zu hohe, aber angemessene innere Spannung. Stellen Sie sich schließlich im Hinblick auf Ihr optimales Verhalten vor allem auf die Notwendigkeit ein, je nach Aufgabe und Situation eine breite Palette unterschiedlichster Verhaltensweisen zu praktizieren.

5. Reagieren Sie auf die Situation.

Im Verfahren selbst öffnen und schärfen Sie Ihre Sinne, um Fragen richtig aufzunehmen, Signale schnell zu erkennen und die Personen, denen Sie begegnen, treffend einzuschätzen. Hören Sie genau zu und reagieren Sie auf das, was Ihnen begegnet – nicht auf das, was Sie möglicherweise erwartet haben, das aber gar nicht da ist.

6. Achten Sie auf den persönlichen Kontakt.

Vermitteln Sie den Personen, die das Audit mit Ihnen durchführen, Ihre Bereitschaft zu einer interessanten und anregenden Begegnung. Suchen Sie den Kontakt, ohne dabei aufdringlich oder überaus angepasst zu erscheinen. Achten Sie währen der Durchführung auf einen angemessenen Blickkontakt. Nutzen Sie nicht jede sich bietende, aber immer wieder einzelne Gelegenheiten zum small talk und zur informellen Begegnung. Seien Sie auch als Person präsent und erreichbar. Humor kann, richtig dosiert, zu einer hilfreichen Entspannung beitragen.

7. Vermitteln Sie Authentizität

Spielen Sie keine Spielchen mit den Einschätzern, es wird auf Sie zurückfallen. Provokationen, ostentative Zurückhaltung und Wortarmut, überschwängliche Kontaktfreude, das alles hilft wenig weiter. Bemühen Sie sich vor allem darum, in der Begegnung, in Ihren Aussagen, in Ihrem Auftreten einen stimmigen Eindruck zu hinterlassen. Das, was Sie beispielsweise im Rahmen einer Simulation tun, sollte im Einklang mit dem stehen, was Sie im Interview gesagt haben. Ihre Selbstdarstellung im Gespräch sollte nicht durch Ihr Auftreten im Audit schon Lügen gestraft werden.

8. Zeigen Sie Vielfalt.

Vergessen Sie die Idee, mit einem wie auch immer gearteten Verhaltensprogramm alle Situationen im Audit bestreiten zu können. Es gibt nur einige wenige, ganz allgemeine Verhaltensregeln: Sorgen Sie dafür, dass Ihre Reaktionen zügig, eindeutig, logisch, emotional fein abgestimmt und stimmig im Hinblick auf Ihre Person sind. Darüber hinaus gibt es keine allgemeine Verhaltensregel. Entscheidend ist die Vielfalt. Interview, Präsentation, Fallstudiendarstellung, Diskussionen, Simulationen unterschiedlichster Gesprächstypen verlangen sehr unterschiedliches Verhalten. Achten Sie auf das, was geschieht und reagieren Sie auf den Punkt, auf den es ankommt; mal offensiv und fordernd, mal vorsichtig und langsam, mal fragend und verstehend, mal konfrontierend und konfliktfreudig. Achten Sie auf Inhalt *und* Beziehung, bringen Sie sich persönlich ein, zeigen Sie den Bezug zwischen Ihrer Meinung und Ihren Interessen usw. usw.

9. Positionieren und empfehlen Sie sich.

Nutzen Sie die Tatsache, dass man deutlich mehr und intensiver als sonst das Augenmerk auf Sie legt. Arbeiten Sie im Gespräch und ggf. in weiteren Aufgaben die Punkte heraus, in denen Sie stark sind, vermitteln Sie dezidiert Ihre persönlichen Standpunkte zu kontroversen Themen, sagen Sie deutlich, welche Ziele Sie verfolgen, vermitteln Sie Ihre Prioritäten und kommen Sie stets auf den Punkt.

10. Nehmen Sie das Feedback als Anlass zum Nachdenken

Auch Auditoren können sich täuschen. Keine Frage. Nicht jedes Feedback, das Sie erhalten, passt und ist hilfreich. Aber es wäre ein großer Fehler, die Chance, die im professionellen und intensiven Feedback nach einem intensiven Management Audit steckt, auszuschlagen. Auch wenn es nicht angenehm ist, sich mit kritischen Aussagen zur eigenen Person auseinanderzusetzen, nutzen sie das Feedback für eine persönliche Reflexion. Denken Sie darüber nach, was an dem, was man Ihnen zurückmeldet, stimmen könnte. vergleichen Sie in Ruhe Ihr Selbstbild mit dem Fremdbild, das Ihnen geschildert wird, und fragen Sie sich ernsthaft, ob es Konsequenzen gibt, die zu ziehen sich für Sie lohnen könnte.

Fordernd aus Überzeugung – Erwartungen eines HR-Managers

Dr. Brüne Cremer

1.   Einleitung

Als HR-Manager die Mitarbeiter des eigenen Unternehmens, die eigenen Kollegen letztlich, mit der Bitte zu konfrontieren, an einem Management Audit teilzunehmen, ist kein Kinderspiel. Zumal man in der Regel dabei von anderen etwas verlangt, das einem vermutlich selbst ähnlich unangenehme Empfindungen entlocken würde wie denen, an die man sich wendet. Darüber hinaus steht man gleich erkennbar auf der „anderen" Seite, der Seite des Vorstandes bzw. der Geschäftsführung. Vielleicht wird man auch offen oder verdeckt dafür verantwortlich gemacht, sich diese Aktion ausgedacht zu haben; ein weiterer Versuch, sich wichtig und unentbehrlich zu machen!

Das Ganze ist ein sensibles Thema, weil schnell Vorbehalte, Verdächtigungen und Vermutungen im Raum stehen, die unangenehme Gefühle wecken. Ich meine, ein offenes, faires und sachliches Gespräch über dieses brisante Thema ist möglich – trotz unterschiedlicher Positionen und Interessen, die es immer zwischen denen geben wird, die prüfen wollen, und denen, die geprüft werden sollen. In einem solchen Dialog können und müssen die jeweiligen Erwartungen und Befürchtungen, die Ziele und die möglichen Konsequenzen einer Auditierung dargelegt werden. Sollte er nicht schon oder nicht ausreichend vorhanden sein, muss und kann auf diesem Wege der Respekt vor den Rechten und den berechtigten Interessen der Beteiligten geschaffen bzw. gestärkt werden.

Dieser Beitrag soll dazu dienen, mehr Klarheit darüber herzustellen, mit welchen Motiven, Zielen und Vorstellungen ein HR-Manager an das Thema Management Audit herantritt. Meine Darlegungen werden vermutlich nicht für jeden HR-Manager gelten, ich unternehme noch nicht einmal den Versuch, repräsentativ zu schreiben. Ich schreibe einfach das, was mir persönlich wichtig ist. Es ist eine einzelne Stimme, die Sie hier vernehmen und es gibt keine Garantie, dass es in Ihrem Unternehmen nicht vielleicht ganz anders ist. Da aber meines Erachtens ein offenes Wort in diesem Zusammenhang nicht schaden kann und ich annehme, mich in einem gewissen Konsens mit vielen Kollegen zu befinden, kann der Eine oder Andere davon vielleicht profitieren.

2.   Ein Projekt als Beispiel

Ich möchte beginnen mit der Darstellung eines Management Audits, das wir in unserem Unternehmen, der BK Giulini GmbH in Ludwigshafen, durchgeführt haben. Diese Schilderung ermöglicht es mir, am konkreten Vorgehen und an konkreten Reaktionen deutlich zu machen, wo meines Erachtens die sensiblen Punkte liegen und wie ein angemessenes Vorgehen gestaltet werden kann. Zudem werden wichtige Motive und Zielsetzungen deutlich, die ich mit einem Management Audit verbinde. Im Anschluss an dieses Projektbeispiel werde ich, davon abstrahierend und zusammenfassend, heraus arbeiten, worin die wichtigsten Erwartungen bestehen, die ich als HR-Manager an Teilnehmer an einem Management Audit richte.

2.1   Ausgangslage

Im Jahre 1823 gegründet, gehört unser Unternehmen zu den ältesten Chemiefirmen in Deutschland. Bis 1977 war es im Familienbesitz, seither gehören wir zu einer börsennotierten israelischen Unternehmensgruppe. Im Zuge der Integration und Geschäftsentwicklung konzentrierte sich der Blick des Managements auf Neuausrichtung und Stabilisierung, vermeintlich unnötiger Ballast wurde über Bord geworfen, Arbeitsplätze in den zentralen Dienstleistungsbereichen wurden abgebaut, indem sie beim Ausscheiden von Mitarbeitern nicht wieder besetzt wurden. Die Rationalisierung von Abläufen stand auf der Tagesordnung, um der ständig steigenden Arbeitsmengen Herr zu werden. Leider wurden in diesem Prozess auch systematischer Organisationsaufbau und Personalentwicklung auf das Nötigste reduziert. Dennoch entwickelte sich das Unternehmen positiv, Umsätze und Gewinne stiegen. Dass das solange gut ging, lag in erster Linie daran, dass an den entscheidenden Stellen im Unternehmen erfahrene und engagierte Mitarbeiter wirkten, die sich mit dem Unternehmen identifizierten und die Abläufe kannten.

Im Jahr 2004 standen wir vor der Situation, dass in den kommenden Jahren vier Direktorenfunktionen neu zu besetzen sein würden. Natürlich waren Stellvertreter als „natürliche Nachrücker" benannt, waren diese aber den zunehmenden Herausforderungen einer solchen Position gewachsen? Hatten sie das nötige Rüstzeug für ein professionelles Management im globalen Umfeld erhalten? Wir standen am Scheideweg. Würde es uns gelingen, mit den bisherigen Vorgehensweisen zur Besetzung der wichtigsten Managementpositionen die jeweils bestgeeignete Führungskraft zu finden und für die Übernahme der größeren Verantwortung zu motivieren und vorzubereiten? War nicht dabei zu viel subjektive Eindrucksbildung, zu großes Vertrauen in die Vorhersagekraft bisheriger Leistung für zukünftige, neue Anforderungen und zuviel mikropolitische Lenkung von Entscheidungsprozessen im Spiel? Es gab erhebliche Zweifel und den starken Wunsch nach Systematisierung und Objektivierung dieser für das Unternehmen wichtigen Weichenstellungen.

2.2   Warum ein Management Audit?

Unser Unternehmen ist Teil eines globalen, multinationalen Konzerns. Schon früh entstand ein weltweites Netzwerk aus Produktionsstätten und Verkaufsorganisation. Wir sind global vertreten, unsere Töchter operieren weitestgehend als unabhängige lokale Einheiten, sind aber in die Unternehmensstrategie eingebunden („think global, act local"). Im Zuge der Globalisierung gerieten wir zunehmend unter Preisdruck, denn Kunden konnten Preise unserer Produkte in verschiedenen Ländern vergleichen und versuchten, diese auf das jeweils niedrigste Niveau zu drücken. Wir mussten dringend – unter Einbeziehung der Töchter – Wachstumsstrategien für unsere globalen Aktivitäten erarbeiten, hierfür werden potente Führungskräfte benötigt, die sich in dem zunehmend komplexer werdenden Geschäftsumfeld zurechtfinden!

Akut wurde diese Situation durch die dringend anstehende Benennung von Nachfolgern für ausscheidende Geschäftsbereichsleiter. Es galt die besten Kandidaten für deren Vertretung, bzw. die Führungsebene unter den Bereichsleitern auszuwählen, diese Führungsebenen stellen das entscheidende Bindeglied zwischen Bereichsleitung und operativen Einheiten dar und steuern das globale Geschäft. Es gab „natürliche Nachfolger", doch waren diese wirklich die am besten geeigneten? Traditionell fußte diese Auswahl im Wesentlichen auf subjektiven Beurteilungen der jeweiligen Vorgesetzten. Die fachlichen Kompetenzen spielten neben der subjektiven Einschätzung der persönlichen Kompetenzen die ausschlaggebende Rolle, soziale und Führungskompetenzen wurden nicht systematisch bewertet. Mitarbeiter und Führungskräfte waren in erster Linie selbst für ihre Karriereplanung verantwortlich, eine systematische Schulung von Businesskompetenzen fand nicht statt. Mit der Implementierung von Management Audits als Auswahl- und Entwicklungsinstrument fand ein Tabubruch statt, die subjektiven Einschätzungen der Vorgesetzten wurden zur Disposition gestellt.

Die Diskrepanz zwischen hohen, zunehmend komplexer werdenden Anforderungen und vergleichsweise unsystematischen Auswahl- und Entwicklungsprozessen galt es zu beheben. Uns war klar, dass wir weder die Kompetenz noch die Ressourcen hatten, eine solche Herausforderung aus eigener Kraft zu stemmen, wir benötigten einen „Katalysator" der mit Fachwissen und Kompetenz den notwendigen Veränderungsprozess unterstützte und beschleunigte. Daher entschied unser damaliger Geschäftsführer sich zur Durchführung eines Management Audits – erstens, um die Qualifikation der stellvertretenden Bereichsleiter zu überprüfen, zweitens, um potentielle Kandidaten für solche Führungsaufgaben aus einem erweiterten Teilnehmerkreis zu identifizieren und drittens, um eine Basis für gezielte Maßnahmen der Managemententwicklung für diese Personen zu erhalten. Die Entwicklung der Führungs- und Managementkompetenz der beteiligten Führungskräfte sollte ihnen sowohl in der aktuellen Funktion zu Gute kommen als auch als Vorbereitung auf neue Aufgaben dienen.

Aus Sicht des HR-Managers war es mir zudem wichtig, ein Konzept und das dazugehörige Instrumentarium für systematische, den künftigen Anforderungen des Unternehmens genügende Personalentwicklung zu erarbeiten. Management Audits sollten aus HR-Sicht der Professionalisierung und Systematisierung unserer Prozesse zur Managemententwicklung dienen.

2.3   Das Verfahren

Das erste Management Audit, das wir durchführten, diente explizit der Einschätzung des Potenzials der Teilnehmer für neue Rollen und Aufgaben sowie der Bereitschaft und der Fähigkeit, sich mit angemessener Unterstützung weiterzuentwickeln. Die Bewertung der funktionalen (fachlichen) Kompetenzen liegt nach wie vor in erster Linie in den Händen der Vorgesetzten.

Eine wichtige Vorgabe für das Konzept war unser Wunsch, intensiv an der Entwicklung, Durchführung und Auswertung des Einschätzungsverfahrens beteiligt zu sein. Durch gemeinsame Erarbeitung der Grundlagen und des Konzepts, der Auswahl von Kandidaten und schließlich durch die Beteiligung an der Durchführung wollten wir sicherstellen, dass wir unsere Kompetenzen auf dem Gebiet der Personalentwicklung entwickelten und erweiterten.

Es war uns wichtig, auf der Basis eines Kompetenzmodells für unser Unternehmen besonders geeignete Kandidaten für die Nachfolge der ausscheidenden Bereichsleiter zu identifizieren und deren Stärken und Schwächen systematisch zu bestimmen. Das daraus resultierende Ranking sollte der Geschäftsführung die geeignetsten Kandidaten benennen und Grundlage eines kurzfristigen Trainingsprogramms zur Vorbereitung auf weiter reichende Verantwortung sein.

Der Teilnehmerkreis wurde in Abstimmung mit der Geschäftsführung definiert und die betroffenen Führungskräfte wurden über das beabsichtigte Management Audit informiert. Sie sollten von vornherein eng eingebunden und ausführlich über die Ziele, das Vorgehen und mögliche Konsequenzen informiert werden. Zusätzlich wurde nach der Fertigstellung des Konzepts eine Informationsveranstaltung durchgeführt, in der den Teilnehmern das konkrete Audit mit seinen Bausteinen präsentiert, das Vorgehen differenziert erläutert und der uns unterstützende Berater vorgestellt wurde. Die Teilnehmer konnten Fragen stellen und alle wichtigen Punkte klären. In dieser Veranstaltung erläuterte der Geschäftsführer erneut die Gründe für die Durchführung des Audits und deren Ziele und erneuerte sein Versprechen, dass kein Teilnehmer Nachteile aus diesem Verfahren erwarten müsse. Ich selbst legte die Auswahlkriterien für die Kandidaten und den Zeitplan dar, einschließlich der nachfolgenden Feedbackgespräche und der beabsichtigten Weiterbildungsmaßnahmen, die sich aus dem Audit ergeben würden.

Besonders intensiv gelang die Einbindung der Teilnehmer durch die gemeinsame Erarbeitung des Kompetenzmodells in einem Workshop. Dieses Vorgehen erwies sich als motivierend und konstruktiv, es war ein erster Schritt der Auseinandersetzung mit den Erwartungen und Anforderungen an unsere Manager basierend auf eigenen Erfahrungen und Überlegungen.

Es wurden wichtige kritische Situationen (critical incidents) für Führungskräfte der ersten und zweiten Führungsebene unterhalb des Geschäftsführers analysiert: In welchen Situationen entscheidet sich der Erfolg eines Managers unseres Unternehmens und welche Anforderungen werden zur Bewältigung der wesentlichen Aufgaben benötigt? So erarbeiteten wir im weitgehenden Konsens ein systematisches, auf unser Unternehmen ausgerichtetes Kompetenzmodell für Managementfunktionen, wobei sowohl die Unternehmensziele als auch die konkreten Bedingungen in Abteilungen und Geschäftsbereichen berücksichtigt wurden.

Auch die Einbindung der Vorgesetzten, die die Teilnehmer in der Regel seit langer Zeit führten und begleiteten, war wichtig. Daher wurde ein Leistungseinschätzungsbogen erarbeitet, mit dessen Hilfe die Vorgesetzten die an sie berichtenden Teilnehmer beurteilten. Hierbei ging es bewusst um eine Leistungseinschätzung mit Fokus auf fachlich-funktionalen sowie auf langfristigen Aspekten der Leistung, die im Rahmen eines Audits nicht einzuschätzen sind. Dies war eine wichtige Ergänzung der Ergebnisse des Management Audits.

Das Einschätzerteam bestand neben dem Berater aus zwei Direktoren und der Personalleiterin, jeweils zwei interne Personen und der Berater waren bei den einzelnen Audits als Einschätzer anwesend. Im Team wurden vor der Durchführung der Audits die einzelnen Aufgaben und die dazugehörenden Bewertungsbögen eingehend besprochen. Das Audit selbst bestand aus einem strukturierten Interview, das der Berater führte, einer Fallstudie sowie der Simulation einer Konfliktmoderation bzw. eines Verhandlungsgesprächs (je nach Anforderungsschwerpunkten).

Jeder Teilnehmer erhielt ein erstes Feedback am Tag der Durchführung sowie eine ausführliche schriftliche Gesamteinschätzung, die beim Abschluss-Feedbackgespräch mit Teilnehmer und Vorgesetztem übergeben wurde. Kopien dieser Berichte gingen auch an die Personalabteilung. Der Geschäftsleitung wurden die Auditergebnisse in zusammenfassender Form präsentiert und Vorschläge für Entwicklungsmaßnahmen wurden diskutiert und verabschiedet. Wir entschieden, dass alle Teilnehmer an Trainingsmaßnahmen teilnehmen sollten, die sich an den zentralen Ergebnissen des Audits orientierten und spezifisch für die Zielgruppe konzipiert wurden. Dabei wurden die wichtigsten Entwicklungsthemen und Defizite im Hinblick auf unser Kompetenzmodell ebenso berücksichtigt wie die ganz persönlichen Schwerpunktsetzungen der einzelnen Teilnehmer. Im Hinblick auf die Nachfolgeplanung wurde für die jeweiligen Positionen eine Liste der am besten geeigneten Teilnehmer erstellt und bei den folgenden Besetzungen entscheidend berücksichtigt.

2.4 Reaktionen der obersten Führungsebene

Die Präsentation unseres Vorhabens wurde vom oberen Management wohlwollend, aber ohne Enthusiasmus aufgenommen. In persönlichen Gesprächen herrschte Skepsis, ob dieses Vorgehen objektiv sei, einige Kollegen waren verunsichert: Sollte ihre Meinung darüber, wer ihr Nachfolger sein sollte, in Frage gestellt werden? Warnende Stimmen befürchteten, Teilnehmer bzw. Leistungsträger könnten bei Ergebnissen, die nicht ihren Erwartungen entsprächen, frustriert sein und sich mit Wechselgedanken tragen.

Wir stellten dem folgende Überlegungen gegenüber:

- Das Unternehmen macht einen entscheidenden Schritt in Richtung systematischer Personalentwicklung, die ehrgeizigen Mitarbeitern Transparenz für ihre Karriereplanung im Unternehmen gibt.

- Vorrangiges Ziel ist die Entwicklung talentierter Mitarbeiter zu künftigen Führungskräften, das sollte Mitarbeiter motivieren und nicht frustrieren.

- Wir wollen talentierte Mitarbeiter so einsetzen, dass sie an Herausforderungen wachsen können, andererseits aber Überforderung im beiderseitigen Interesse vermeiden.

- Die resultierende intensivere Kommunikation zwischen Vorgesetztem und Mitarbeiter sowie die Transparenz der Programme wird diese Entwicklung unterstützen.

- Versäumnisse der Vergangenheit werden erfasst und durch systematische Entwicklungsmaßnahmen behoben.

Angesichts der geäußerten Bedenken erklärte der Geschäftsführer – sowohl gegenüber dem Management als auch gegenüber den vorgeschlagenen Kandidaten – dass die Teilnahme an diesem Audit freiwillig sei. Kandidaten, die nicht daran teilnehmen würden, müssten mit keinen Benachteiligungen rechnen, sie könnten aber eine Chance verpassen, gezielt gemäß ihrer Stärken, von denen manche bisher möglicherweise kaum in Erscheinung treten, in Leitungsfunktionen eingesetzt zu werden.

2.5   Reaktionen der Kandidaten

Die Reaktion der vorgeschlagenen Kandidaten war unterschiedlich, zunächst herrschte ein gewisses Unbehagen vor: „Was kommt da auf uns zu?", „Warum muss ich mir das antun?" Kaum ein Kandidat hatte bisher Erfahrungen mit einem solchen Audit gemacht, viele hatten (oft abschreckende) Berichte über Audits gelesen und verbanden es mit den vor ca. 20 Jahren in Mode gekommenen Auswahlverfahren bei akademischen Berufsanfängern.

Diese anfängliche Skepsis wich Schritt um Schritt der Erkenntnis der Chancen, unterstützt durch die Freiwilligkeit der Teilnahme und durch die aktive Einbeziehung in die Erarbeitung eines strukturierten Kompetenzmodells. Die Einsicht in die Notwendigkeit einer Professionalisierung der Führungsarbeit und die damit verbundenen Möglichkeiten der persönlichen Weiterentwicklung traten in den Vordergrund. Nach und nach sah es der überwiegende Teil der Kandidaten als neue Erfahrung und Herausforderung an, einige erkannten auch die Chance, sich selbst besser kennen zu lernen und einschätzen zu können.

Nach den Einzelgesprächen stimmte der überwiegende Teil der Kandidaten der Teilnahme zu, zwei lehnten die Teilnahme ab:

▦ „Ich habe die Endstufe meiner Karriere erreicht, ich fühle mich nicht zu höherer Verantwortung berufen."

▦ „Wenn die Unternehmensleitung meine Fähigkeiten nach 20 Jahren Betriebszugehörigkeit noch nicht einschätzen kann, dann tut es mir leid!"

Beide Kandidaten erklärten sich jedoch bereit, an späteren Weiterbildungskursen teilnehmen zu wollen. Sie wurden nicht weiter zu einer Teilnahme gedrängt.

3.   Beurteilung der Management Audits aus HR-Sicht

Auch ich, als einer der internen Einschätzer, war anfangs skeptisch ob die hohen Erwartungen, die wir in dieses Verfahren gesetzt hatten, realisiert werden können. Bereits nach dem ersten Audit wandelte sich diese Skepsis in Zustimmung und im weiteren Verlauf wuchs die feste Überzeugung, die richtige Methode gewählt zu haben! In den letzten 20 Jahren hatten wir uns im Unternehmen nie so intensiv mit dem einzelnen Menschen, seinen Einstellungen, seinen Motiven und Zielen, seinen Konzepten, seinen Vorgehensmodellen und seinem Verhalten beschäftigt.

Die strukturiert und professionell geführten Interviews, in denen differenziert und konsequent nachgefragt und hinterfragt wird, schaffen Gelegenheit, jemanden viel besser zu verstehen und seine Sichtweisen genauer kennen zu lernen als dies in der üblicher Weise kurzen und meist fachlich-funktional geprägten beruflichen Interaktionen möglich ist, die häufig unter Zeitdruck stehen. Standardisiert ist das Konzept, individuell die Tiefe der Befragung – diese Spannung im methodischen Können eines Interviewers erzeugt eine besondere Klarheit in der Erkenntnis der Teilnehmer. Schnell und deutlich können so ihre Denk- und Handlungsmuster herausgearbeitet werden.

Über das Interview hinaus erlaubt die konkrete Bearbeitung anforderungsorientierter Aufgabenstellungen einen Einblick in die Verhaltensmuster von Teilnehmern in wichtigen, für den beruflichen Erfolg besonders relevanten Situationen und zeigt deren Stärken, aber auch Schwächen auf. In einer Fallstudie gilt es unter Zeitdruck ein Projekt zu analysieren und Ergebnisse strukturiert und klar zu präsentieren. In Rollenspielen, die wichtige Gespräche mit Partnern und Mitarbeitern simulieren, zeigt sich die Breite des Rollenrepertoires. Zudem wird deutlich, wie sich jemand bei unerwarteten Wendungen des Gesprächsverlaufes verhält, wie flexibel und facettenreich seine Verhaltensmöglichkeiten sind. Vermeintliche fachliche Vorteile von Teilnehmern aus bestimmten Unternehmensbereichen, die ggf. eine etwas größere Nähe zu einer Fallstudie, einem Präsentationsthema oder dem Gegenstand einer Simulation haben, relativieren sich in der Regel sehr schnell, weil die Anforderungen, auf die es ankommt, immer über die rein fachliche Expertise weit hinaus gehen.

Insgesamt ist es durch ein sehr straffes, standardisiertes Vorgehen möglich, eine Gruppe von Führungskräften, orientiert an gleichen Kriterien, Standards und Maßstäben einzuschätzen und so ein sehr klares Bild über die Verteilung von Kompetenzen und Potenzial innerhalb der Teilnehmergruppe zu erarbeiten. Ein an systematischer Auswahl und Entwicklung interessiertes HR Management, erhält eine professionelle Basis für die Erarbeitung von Besetzungsvorschlägen und Entwicklungsmaßnahmen.

Es ist durchaus möglich, die entstehende Prüfungssituation so zu gestalten, dass Respekt, Wertschätzung und Angemessenheit der eingesetzten Methoden vermittelt werden. Dennoch reagieren Teilnehmer mal skeptisch, mal ablehnend und/oder auch verunsichert, insbesondere in unbekannten Situationen oder bei Fragen, die sie sich so noch nicht gestellt haben. Aus HR-Sicht nehmen wir diesen Druck und den daraus im Einzelfall resultierenden Stress in Kauf, weil wir glauben, dass es auch im beruflichen Alltag nicht ungewöhnlich ist, mit schwierigen Situationen unter Druck und Stress umgehen zu müssen. Auch diese Fähigkeit ist von großer Wichtigkeit und stellt einen letztlich notwendigen Bestandteil des Verfahrens dar. Es ist allerdings wichtig festzuhalten, dass zu keinem Zeitpunkt und mit keiner Vorgehensweise gezielt Druck und Stress um ihrer selbst willen erzeugt werden. Die Situation ist für kaum jemanden angenehm, für viele kurzfristig belastend und mit hohen Erwartungen verbunden. Sie ist anstrengend und stressig. Aber das gehört dazu. Im Idealfall erkennen Kandidaten die Chancen des Audits und nutzen auch diesen Teil der Erfahrung, um sich darin zu üben, in herausfordernden Situationen professionell und souverän zu agieren.

Die Wirksamkeit und Aussagekraft des Audits wird bereits in den ersten Feedbackgesprächen deutlich, die mit jedem Teilnehmer zum Abschluss seines Audits geführt werden. Die Einschätzungen werden zum großen Teil von den Teilnehmern geteilt. Sie äußern sich überwiegend anerkennend, zustimmend und bestätigend zu den Einschätzungen – manche auch mit Verwunderung oder mit etwas Erschrecken ob der gewonnenen Erkenntnisse. Viele drücken ihre Überraschung darüber aus, dass in der Kürze der Zeit, etwa vier Stunden Netto-Durchführungszeit für jeden Teilnehmer, so differenzierte, eine breite Kompetenzpalette abdeckende und zugleich in die Tiefe gehende Beurteilungen erarbeitet werden.

Mit solchen professionell und strukturiert erarbeiteten Daten und Einschätzungen kann eine Personalabteilung der Geschäftsführung objektive Einschätzungen des Standes und des Potenzials von Leistungsträgern geben und richtungsweisende Entwicklungsmaßnahmen vorschlagen, die die Umsetzung der strategischen Ziele des Unternehmens unterstützen oder auch erst ermöglichen. Es ist möglich, die Managemententwicklung tatsächlich an den konkreten Anforderungen aus den Geschäftsmodellen und den Bedürfnissen der Führungskräfte auszurichten und dadurch einen deutlich höheren Nutzen für das Unternehmen und für die Führungskräfte zu erzielen. So gewinnt die HR-Arbeit deutlich an Wert, kommt auf dem Weg von Personalverwaltung zu Personalentwicklung einen großen Schritt voran und erarbeitet sich Wertschätzung als aktiver Teil der strategischen Planung des Unternehmens.

Führungskräfte können im Rahmen eines Management Audits zu einer erweiterten Selbstsicht kommen. Durch das Erleben des eigenen Umgehens mit den zweifellos herausfordernden Aufgaben, aber auch durch das persönliche, intensive Feedback reflektieren sie ihr Denken und Verhalten aus anderen, neuen Perspektiven. Wir legen Wert darauf, das Feedback als Angebot zu formulieren, über sich nachzudenken und die Einschätzungen als Hinweise zu verstehen, um die eigenen Denkmodelle und Vorgehensweisen kritisch zu reflektieren. Es besteht nicht die Absicht, Führungskräfte zu manipulieren. Im Gegenteil: Es kommt uns darauf an, jedem zu ermöglichen, die eigene Wirkung und die Qualität der eigenen Verhaltensmuster an klar herausgearbeiteten Kriterien zu bewerten, sich selbst durch die Brille eines Außenstehenden betrachten zu können und persönliche Entscheidungen darüber zu fällen, ob bestimmte Routinen tatsächlich die bestmöglichen Vorgehensweisen repräsentieren oder ob und wo Veränderungen hilfreich sein könnten. Wir glauben fest daran, dass Veränderungen nur dann konsequent verfolgt werden und effektiv sind, wenn sie mit innerer Überzeugung vollzogen werden.

Die Managemententwicklung insgesamt lässt sich mit Hilfe komplexer und differenziert ausgearbeiteter Einschätzungs- und Feedbackprozesse eindeutig systematisieren und professionalisieren. Auf subjektiven Meinungen beruhende Entscheidungen, tradierte Routinen und mikropolitische Einflussnahmen können reduziert werden. Eine nachhaltige Veränderung erfordert jedoch, dass auf das Audit aufbauende Schulungs- und Entwicklungsmaßnahmen gestaltet und angeboten werden. Darüber hinaus muss die Gesprächskultur im Unternehmen, zum Beispiel durch Mitarbeitergespräche und Zielvereinbarungen, kontinuierlich entwickelt werden, um der Erkenntnis von Entwicklungsbedarf, der Einsicht in Veränderungsnotwendigkeiten und dem Willen, sich persönlich und das Unternehmen voranzubringen, Taten folgen zu lassen.

4. Erwartungen eines HR-Managers an Teilnehmer eines Management Audits

Die Einladung zur Teilnahme an einem Management Audit ist eine Anerkennung der persönlichen Leistung und stellt eine Wertschätzung für den Mitarbeiter dar. Die Bitte an den Mitarbeiter, gemeinsam mit professionellen Experten und einer geeigneten Methodik der Frage nachzugehen, wie die berufliche Entwicklung vorangehen kann, welches Potenzial erkennbar ist und welche Defizite bearbeitet werden sollten, stellt eine Herausforderung, aber immer auch eine Bestätigung für den Mitarbeiter dar. Der zeitliche Aufwand für das Unternehmen ist erheblich, die Investitionen sind in aller Regel beachtlich. Die Erkenntnisse aber dienen nicht allein dem Unternehmen, sondern kommen auf unterschiedliche Weise auch den Teilnehmern zu Gute. Selbstverständlich lege ich als HR-Verantwortlicher besonderen Wert darauf, dass schon die Auswahl der Teilnehmer am Audit strengen Kriterien genügt und nur jene dazu eingeladen werden, deren bisherige Leistungen außerordentlich sind und denen aus der subjektiven Sicht ihrer Vorgesetzten bescheinigt wird, dass eine intensive Bewertung der Entwicklungsmöglichkeiten sinnvoll ist.

Von einem Teilnehmer erwarte ich zuallererst eine ehrliche Aussage, ob wirkliches Interesse an einem Audit und der damit beabsichtigten Arbeit an der eigenen Entwicklung besteht. Im eigenen Interesse sollten Teilnehmer, die Fragen, Unklarheit oder Zweifel haben, von sich aus das persönliche Gespräch mit dem Vorgesetztem oder dem Personalleiter suchen. Initiative und Verantwortungsübernahme auch für die Gestaltung eines solchen, in der Regel zunächst nicht gewünschten und mit eher negativen Emotionen behafteten Prozesses, sind wichtige Ansprüche, die ich an die Teilnehmer habe. Ziel eines Audits ist es in unserem Unternehmen, Mitarbeiter zu entwickeln, nicht zu frustrieren.

Ich möchte meine wesentlichen Erwartungen und Ratschläge in der Folge als Appell an Teilnehmer an einem Management Audit formulieren. Mein wesentlicher Rat: Setzen Sie sich bewusst mit Ihren persönlichen Zielen und Ambitionen auseinander. Wenn Sie sich zur Teilnahme entschieden haben, zeigen Sie die Bereitschaft, aktiv daran teilzunehmen, sich den Aufgaben ernsthaft zu stellen und sich mit Ihren Stärken und Möglichkeiten zu präsentieren. Dazu ist diese Gelegenheit geschaffen.

Erarbeiten Sie sich als Teilnehmer ein tiefes Verständnis für die Gründe der Unternehmensleitung zur Durchführung des Audits: Bemühen Sie sich darum, zu verstehen, in welchem unternehmerischen Zusammenhang diese Maßnahme steht und welchen Nutzen die Geschäftsführung daraus ziehen möchte. Machen Sie sich Gedanken über Ihr Verständnis zentraler Themen wie Führung, Unternehmerisches Handeln, Strategisches Denken etc., setzen Sie sich eingehend mit dem Programm des Audits auseinander, unterliegen Sie dabei aber nicht der Versuchung, sich ein bestimmtes Vorgehen und Verhalten zurecht zu legen, von dem Sie glauben, es würde von Ihnen erwartet.

Gehen Sie mit einer offenen Haltung in die Audits, seien Sie authentisch, behalten Sie Ihre spontane, natürliche Ausdrucks- und Verhaltensweise bei. Lassen Sie sich leiten von der Erkenntnis, dass Ihrer Teilnahme eine positive Einschätzung zu Grunde liegt, begreifen Sie es als Chance, sich selbst zu testen, Ihre Stärken und Schwächen besser zu verstehen. Je unverkrampfter Sie an diese Prüfung herangehen, umso besser werden Sie sich darstellen können, umso klarer erkennen Sie und die Einschätzer Ihre Stärken und Schwächen. Sehen Sie das Audit als einen Meilenstein Ihrer beruflichen Laufbahn. Selbst ein insgesamt enttäuschendes Ergebnis hat eine gute Seite, es bewahrt Sie möglicherweise vor falschen Zielsetzungen, vor einem Scheitern in Ihrer Karriere durch unpassende Beförderung, es gibt Ihnen die Chance, an der Behebung Ihrer Schwächen zu arbeiten.

Selbstverständlich wird die Teilnahme an einem Management Audit auch von den Kollegen aufmerksam beobachtet und der daraus entstehende soziale Druck wird bei dem einen oder anderen Teilnehmer mögliche Ängste im Vorfeld des Audits noch erweitern oder verstärken. Wenn auch nicht beabsichtigt, entsteht doch eine Prüfungssituation. Lassen Sie diese Ängste zu, lassen Sie sich aber nicht von Ihnen beherrschen. Machen Sie sich immer wieder die Chancen klar, die Ihnen die Teilnahme bietet, suchen Sie das Gespräch mit Kollegen, Vorgesetzten, vertrauten Menschen im Bekanntenkreis. Auf keinen Fall sollten Sie sich verkriechen. Das Gleiche gilt auch für den Fall, dass Sie verärgert sind, weil Sie nicht für die Teilnahme an einem Audit ausgewählt wurden. Versuchen Sie die Gründe herauszufinden, setzen Sie sich intensiv damit auseinander und arbeiten Sie an sich, um die nächste Chance zu nutzen.

Je bewusster Sie sich mit dem Konzept und den Zielen des Audit auseinandergesetzt haben, desto entspannter können sie daran teilnehmen. Bleiben Sie authentisch, versuchen Sie nicht Meinungen zu vertreten, die nicht Ihre sind. Seien Sie offen, hören Sie zu, nur dann können Sie differenziert einschätzen, denken Sie nach, bevor Sie Stellung beziehen, setzen Sie Prioritäten, arbeiten Sie aktiv mit, insbesondere im strukturierten Interview. Sie wollen sich dem Unternehmen für künftige herausfordernde Aufgaben empfehlen, also präsentieren Sie sich entsprechend! Zeigen Sie, dass Sie neue Herausforderungen suchen und sich diesen stellen wollen.

Das Feedback, sowohl in kurzer Form zum Abschluss des Audits als auch das ausführliche Feedback, das in der Regel gemeinsam mit dem Vorgesetzten durchgeführt wird, stellen die Essenz des Audits dar. Sie erfahren, wie die Einschätzer Sie gesehen und empfunden haben und können diesen Wahrnehmungen Ihre eigenen Erfahrungen und Empfindungen gegenüberstellen. Erfreulich und daher leicht zu akzeptieren sind die im Audit zu Tage getretenen Stärken, aber hinterfragen Sie auch diese: Stimmt die Einschätzung mit Ihrem Selbstbild überein? Sind Sie überrascht, dass bestimmte Dinge als Stärke gesehen werden? Woher kommt die unterschiedliche Beurteilung? Diskutieren Sie mit den Einschätzern darüber, warum sie bestimmte Verhaltensweisen oder persönliche Herangehensweisen als Stärken betrachten, denn häufig stehen dahinter unterschiedliche Bilder von den wesentlichen Anforderungen oder auch unterschiedliche Maßstäbe und Erwartungen. Es kann sich für Sie selbst lohnen, hier die eigenen Vorstellungen, Standards und Messlatten ggf. zu korrigieren. Außerdem sind Wahrnehmungsunterschiede auch im Hinblick auf Stärken wichtige Diskussionspunkte für die Planung Ihrer Personalentwicklungsmaßnahmen.

Schwieriger wird es für die meisten Teilnehmer, sich mit analysierten Schwächen auseinander zu setzen, gerade dies ist aber häufig entscheidend für Ihre persönliche Weiterentwicklung. Die professionell und mit methodischer Gründlichkeit erarbeitete Fremdeinschätzung orientiert sich in der Regel systematischer an definierten Kriterien und Zielsetzungen, die bestimmten, eher objektiven Vorgaben folgen, die mit zukünftigen beruflichen Anforderungen, Veränderungen im Unternehmen und/oder bestimmten Zielsetzungen der Managemententwicklung zu tun haben. Die eigene Selbstwahrnehmung resultiert demgegenüber häufig aus impliziten und weniger differenzierten Kriterien. Sie ist deswegen nicht falsch, aber sie bezieht sich nicht auf dieselben Grundlagen. Die Diskussion von Entwicklungsfeldern im Anschluss an ein Management Audit setzt voraus, dass Sie sich mit diesen Grundlagen und den Maßstäben und Kriterien der Einschätzer möglichst unvoreingenommen auseinandersetzen. Nicht selten lassen sich diskrepante Fremd- und Selbstbilder auf diesem Wege bereits zu gemeinsamen Sichtweisen verändern. Die entscheidende Erwartung an Teilnehmer dabei ist: Bevor Sie dem Feedback die eigene Sicht und Einschätzung gegenüberstellen, bemühen Sie sich darum, die Wahrnehmung der anderen Seite und ihre Grundlagen zu verstehen. Letztlich können Sie eine andere Meinung nur dann sinnvoll dagegenstellen, wenn Sie verstanden haben, wogegen genau Sie sich eigentlich wehren! Wenn diese Voraussetzungen erfüllt sind, ist der Abgleich beider Sichtweisen sinnvoll und notwendig. Sprechen Sie dann Diskrepanzen offen an, Veränderung und Entwicklung setzen Einsicht voraus, es muss ein Konsens erreicht werden, um die richtigen Maßnahmen für eine nachhaltige Entwicklung zu ergreifen. Um keinen falschen Eindruck entstehen zu lassen, möchte ich an dieser Stelle noch einmal erwähnen, dass im Rahmen unserer bisher durchgeführten Audits in der überwiegenden Zahl der Fälle ein sehr weitgehender Konsens in den Feedbackgesprächen erzielt wurde.

Als (künftige) Führungskraft erwartet das Unternehmen von Ihnen Eigeninitiative und Durchsetzungsstärke, das gilt auch für die verabredeten Entwicklungsmaßnahmen: Menschen werden nicht entwickelt, sondern entwickeln sich selbst! Das Unternehmen stellt dafür einen Rahmen und Mittel zur Verfügung. Je besser Entwicklungsmaßnahmen auf die Bedürfnisse der Teilnehmer abgestimmt sind, desto besser wirken sie. Ergreifen Sie Initiative, schlagen Sie Maßnahmen vor, setzen Sie sich intensiv mit den angebotenen Themen auseinander, bringen Sie sich aktiv in Seminaren und Veranstaltungen ein, führen Sie die intensive und ehrliche Auseinandersetzung mit sich selbst weiter. Betrachten Sie die Entwicklungsmaßnahme als Vereinbarung mit dem Unternehmen, scheuen Sie sich deshalb nicht, nachzufragen, wenn sich Umsetzungen verzögern, beharren Sie auf Einhaltung der Verabredungen.

Aufgrund des hohen Aufwands, der mit einem Audit verbunden ist, und um insbesondere denjenigen eine Chance zu geben, die sich besonders bewährt haben, ist es erforderlich, die Entscheidung darüber, wer zur Teilnahme am Audit eingeladen wird, mit großer Sorgfalt zu treffen. Das gilt insbesondere dann, wenn mit dem Audit auch Auswahl- und Karriereentscheidungen verbunden werden. Wenn Sie dennoch nach einem Audit nicht in die engere Wahl für weiter gehende Führungsverantwortung kommen sollten, ziehen Sie sich nicht schmollend zurück, verteufeln Sie nicht im Nachhinein das Verfahren, sondern führen Sie sich vor Augen, dass Sie zur Teilnahme ausgewählt wurden, Sie also aus Sicht Ihres Managements ein Leistungsträger für das Unternehmen sind. Setzen Sie sich gründlich mit den Erfahrungen und Ergebnissen des Audits auseinander, verstehen Sie die Gründe für Ihr Abschneiden und akzeptieren Sie, dass andere besser abgeschnitten haben. Suchen Sie die Auseinandersetzung mit Personen Ihres Vertrauens, mit den zuständigen Personen der Personalabteilung, mit Ihren Vorgesetzten. Entwickeln Sie gemeinsam Ideen, wie Sie Ihre Chancen verbessern und Ihre Entwicklung vorantreiben können. Sollten Sie nach dem Audit zu der Erkenntnis kommen, dass Sie für bestimmte Führungsaufgaben nicht geeignet sind, dann ist auch dies wichtig für Ihre weitere Entwicklung. Sie können sich so auf das konzentrieren, was Sie wirklich gut können.

Schließlich noch ein Wort zur Verweigerung der Teilnahme an einem Audit. Sie erscheint für mich als HR-Manager bei allem menschlichen Verständnis, das ich je nach Lage der Dinge haben mag, unter professionellen Gesichtspunkten als sehr problematisch. Auch der nicht selten anzutreffende Hinweis darauf, dass das Unternehmen die Leistung seiner Führungskräfte nach vielen Jahren der Betriebszugehörigkeit einschätzen können sollte, überzeugt mich hier nicht. Denn diese Haltung verkennt das Ziel des Management Audits. Gerade nach vielen Jahren im Unternehmen schleifen sich bestimmte Denk- und Verhaltensmuster ein, die zunehmend das Handeln bestimmen. Das Management Audit eröffnet die Möglichkeit, sich selbst zu hinterfragen und genau diese persönlichen Routinen noch einmal auf den Prüfstand zu stellen. Gerade von gestandenen Führungskräften erwarte ich eine offene Einstellung zu solchen Herausforderungen, nicht zuletzt, weil sie als Vorgesetzte Vorbild für ihre Mitarbeiter auch im Umgang mit schwierigen, persönlich anspruchsvollen Situationen sind. Darüber hinaus sollte gerade erfahrenen Führungskräften das Geschäftsumfeld und die Ausrichtung des Unternehmens bekannt sein, aus der die Notwendigkeit des Audits resultieren. Aber selbst wenn die Notwendigkeit einer solchen Maßnahme persönlich nicht gesehen wird, muss der Vorgesetzte mit gutem Beispiel vorangehen. Zudem versetzt ihn die eigene Erfahrung in die Lage, den Nutzen und die Wirksamkeit eines Audits konkret zu beurteilen und es einordnen zu können, wenn zu einem späteren Zeitpunkt an ihn berichtende Führungskräfte zu einem solchen Verfahren eingeladen werden. Ich halte es nicht für gut, wenn er selbst hier aufgrund persönlicher Vorbehalte falsche Signale gesetzt hat.

5. Fazit

Das Management Audit hat sich für unser Unternehmen als hervorragend geeignetes Instrument zur Auswahl und Entwicklung von Führungskräften auf allen Ebenen herausgestellt und ist ein unverzichtbares Element der strategischen Managemententwicklung im Unternehmen geworden. Wir begannen mit Audits auf der oberen Führungsebene aus der Notwendigkeit einer kurzfristigen Nachfolgeplanung heraus. Inzwischen orientieren wir unsere Management Audits strikt an der Nachfolgeplanung des Unternehmens und an zukünftigen Herausforderungen für unsere nachwachsenden Führungskräfte. Wir möchten jungen Kräften aus dem eigenen Unternehmen die Wege für ihre Entwicklung in unserem Konzern eröffnen und sie nicht an andere verlieren. Daher beginnen wir inzwischen frühzeitig, auf ersten Managementebenen damit, Verfahren der Potenzialeinschätzung und des intensiven Feedbacks durchzuführen, und wir bieten Mitarbeitern, die bereits gewisse Führungserfahrungen haben, ebenso an, sich im Rahmen eines Management Audits zu präsentieren, aber auch persönlich zu hinterfragen. Insgesamt resultieren für uns eine Bestandsaufnahme der Talente und die Möglichkeit, sehr intensiv und zielorientiert an der Entwicklung unserer Managementkompetenz zu arbeiten. Parallel dazu arbeiten wir an einer neuen Managementstruktur, in die dann künftig Audits als Teil der Karriereentwicklung konsequent eingebunden werden. Schließlich nutzen wir dieses Instrument inzwischen sehr effektiv im Zuge der Einstellung von Führungskräften vom externen Markt.

Die überwiegend positiven Reaktionen der Teilnehmer und die Akzeptanz durch Vorgesetzte und auch durch den Betriebsrat, der in die Planung unserer Programme zeitnah und umfassend einbezogen wird, bestätigen unser Vorgehen. Das Personalmanagement leistet durch die gezielte konzeptionelle und inhaltliche Planung der Audits sowie die konsequente Erarbeitung von Entwicklungsempfehlungen wichtige Beiträge zur strategischen Unternehmensentwicklung.

Mit der Durchführung von Audits erreichen wir eine Win-Win-Situation für Mitarbeiter und Unternehmen.

Eine Anstrengung, die sich lohnt – ein Teilnehmerbericht

Mike Ruppelt

1. Warum ich, weshalb jetzt, wieso überhaupt?

Warum wird ein Management Audit in einem Unternehmen durchgeführt? Diese Frage stellen sich die potentiellen Teilnehmer bei den ersten Diskussionen zu diesem Thema. Dabei werden dann sehr schnell Zweifel an der Zuverlässigkeit der Ergebnisse laut. Es wird dem externen Berater die Kompetenz abgesprochen, die Führungskräfte des Unternehmens in den fachspezifischen Belangen richtig einzuschätzen. Im Fall unseres ersten Audits kam es zu einer sehr emotionalen und kontroversen Diskussion unter den betroffenen Führungskräften. Dabei wurden die zahlreichen Seminare zur Führungskräfteentwicklung sowie die jährlich stattfindenden Mitarbeitergespräche als ausreichend für die Einschätzung der Kompetenz der Mitarbeiter erachtet. Dazu hatte jede Führungskraft auch mindestens ein Führungsforum absolviert, bei dem die Führungsfähigkeit sowie das Potential der teilnehmenden Mitarbeiter ermittelt werden sollte. Diese Diskussionen endeten nach einer Woche in einer kollektiven Ablehnung des Verfahrens.

Nachdem die ersten Teilnehmer die Teilnahme abgesagt hatten, wurde durch ein Schreiben des Vorstands auf die Notwendigkeit der Teilnahme hingewiesen. Als Begründung wurde die Neuausrichtung des Unternehmensbereiches genannt, für die die Analyse von Kompetenz und Potential der Führungskräfte eine wichtige Grundlage darstellen sollte. Bei einer anschließenden Gesprächsrunde zwischen der Abteilungsleitung, der Personalabteilung, den Beteiligten und dem externen Berater, wurden die Fragen und Vorbehalte zum Ablauf des Audits sowie der Umgang mit den Ergebnissen erläutert. Alle Führungskräfte haben danach die Einladung zu den Audits angenommen, da sie die Chancen des Audits positiver bewerteten und nochmals klargestellt wurde, dass es keine negativen Konsequenzen aus den Ergebnissen des Audits geben würde.

Nach diesen Startschwierigkeiten wurden die Unterlagen über die Aufgaben und den Ablauf des Audits an die erste Teilnehmergruppe übergeben. Unter den Teilnehmern sind alle vorhandenen Informationen zum Thema „Management Audit" ausgetauscht und diskutiert worden. Es wurden Bücher gelesen und Internetrecherchen durchgeführt. Außerdem haben sich einige Teilnehmer mit „Absolventen" eines Management Audits in einer anderen Unternehmenseinheit ausgetauscht. Alles mit dem Ziel als eine herausragende Führungskraft anerkannt zu werden, für die sich nach eigenem Bekunden natürlich alle ohne Ausnahme hielten.

2.   Die mentale Vorbereitung

Nachdem die erste Runde abgeschlossen war, bekam auch ich die Einladung für mein eigenes Audit. Ich habe mich mit meinem Vorgesetzten über die Hintergründe der Durchführung und die daraus hervorgehenden Möglichkeiten unterhalten. Nachdem wir uns über die Abläufe und Themen im Audit ausgetauscht hatten, verbreitete der „Buschfunk" meine Teilnahme auch an die Kollegen der ersten Runde.

Von dort kamen dann im Stundentakt die gut gemeinten Ratschläge und Tipps, wie ich mich vorbereiten müsse, um dort zu bestehen. Die Ratschläge gingen von Buchtipps über Internetseiten bis zu Rückschlüssen aus persönlichen Erfahrungen – meist negativer Art – aus dem Audit.

Die erläuterten Erfahrungen der Teilnehmer waren dabei sehr vielschichtig. Hier einige Punkte aus den persönlichen Empfindungen der ersten Teilnehmerrunde:

■ der Interviewer wirkt arrogant und überheblich

■ die Atmosphäre des Audits war unangenehm und kalt

■ es gab eine gefühlte Antipathie des Beraters gegenüber den Teilnehmern

■ das unangenehme Gefühl, nicht zu wissen, warum die Fragen gestellt werden

■ das Gefühl des Beobachtet-Werdens, „Seelenstriptease"

■ der Verlauf des Audits wurde als stressig und lang empfunden

■ die Themenauswahl für die Präsentation war „politisch unangemessen"

Nachdem alle Kollegen ihre Tipps abgegeben hatten, konnte ich nun meine eigene Strategie für das Audit festlegen. Die Zuordnung der einzelnen Tipps zu den unterschiedlichen Persönlichkeiten hat mir die Erarbeitung meiner eigenen Strategie sehr einfach gemacht. Ich kam zu dem Schluss, „einfach zu sein wie ich bin", um die größtmögliche Transparenz in das Audit und das anschließende Ergebnis zu bringen. Dies bedeutet natürlich nicht, ohne Vorbereitung so mal eben das Management Audit abzuspulen. Die Vorbereitung ist dabei sehr wichtig und die Erkenntnisse daraus um so wichtiger, wenn man selbstkritisch ist und sich weiterentwickeln möchte.

Nachdem ich mir über meine eigenen Ziele für das Audit klar war, ging es nun um die Umsetzung und die mentale Vorbereitung. Durch intensive Gespräche, insbesondere mit meiner Frau, aber auch mit Kollegen und Freunden die mich schon lange kennen, habe ich für mich das Audit vorbereitet. Dabei ging es um den Umgang mit Ängsten, mit der Unsicherheit den eigenen Fähigkeiten gegenüber und um die immer wieder auftauchenden Selbstzweifel. Durch die Gespräche mit meiner Umgebung habe ich eine positive Einstellung zum Audit bekommen und es schlussendlich als Herausforderung annehmen können.

In meinem Management Audit ging es nicht um den Job, es ging nicht um die Besetzung für eine Managementaufgabe. Es ging ausschließlich um mich, die Ergebnisse würden mir bei meiner persönlichen Entwicklung weiterhelfen und somit sicherlich auch in meinem Berufsleben eine wichtige Rolle spielen. Das Management Audit war eine Chance, eine Chance mich zu positionieren und für die aktuelle und für zukünftige Aufgaben zu empfehlen. So habe ich eine positive Grundeinstellung erzeugt und die nun noch vorzubereitenden Themen konnten angegangen werden. Denn es gab noch zwei „praktische Aufgaben", zum einen die Vorbereitung des Themenvortrags, zum anderen die Ausarbeitung des Persönlichkeitsfragebogens.

3. Die praktische Vorbereitung

Die praktische Vorbereitung bezog sich auf die Ausarbeitung eines Vortrags mit vorgegebenem Thema aus dem beruflichen Umfeld sowie die Bearbeitung eines Persönlichkeitsfragebogens mit ca. 90 Fragen. Zuerst habe ich mich mit dem Fragebogen beschäftigt, da dieser vor dem eigentlichen Audit an den externen Berater versandt werden sollte.

3.1 Persönlichkeitsfragebogen

Bei den ersten Fragen und den dazugehörigen drei Antwortmöglichkeiten kam ich sofort in einen Konflikt. Ich hatte das Gefühl, jede Antwort ankreuzen zu können, je nach Interpretation der Fragesituation hätte ich so oder so geantwortet. Und nun passierte auch das, was in den Zeitschriftenfragebögen immer passiert: Man sucht erst einmal nach den Ergebnisklassen, um zu erfahren, ob man viele oder eher wenige Punkte benötigt, um den Persönlichkeitstest zu „gewinnen". Aber dem Fragebogen waren keine Punkteverteilungen und auch keine Ergebnisklassen beigefügt, somit war die Strategie für die Antworten etwas schwieriger, denn welche Antwort ist die „richtige" bzw. wie wird sie interpretiert? Nachdem ich für die ersten paar Fragen schon eine Stunde benötigt hatte, legte ich den Test erst einmal zur Seite. Das konnte nicht im Sinn des Erfinders sein! Am nächsten Tag habe ich dann noch einmal neu angefangen und den Fragebogen in 5 bis 10 Minuten durchgearbeitet. Dabei habe ich mich auf mein Gefühl verlassen und nicht versucht, in die Rolle des interpretierenden Auswerters zu schlüpfen.

3.2   Präsentation

Die Ausarbeitung der Präsentation zum vorgegebenen Thema war dagegen eine leichte Übung. Das Thema bezog sich auf die Etablierung eines neuen Unternehmensbereichs, an dessen Idee und Umsetzung ich seit mehr als 2 Jahren gearbeitet habe. Aus diesem Grund war der Vortrag eine eher einfache Aufgabe, die ich locker angegangen bin. Aus den vielen Präsentationen, die ich zu dem Thema schon gehalten hatte, habe ich die wichtigsten zusammengefasst. Mein Hauptaugenmerk setzte ich nunmehr auf die Vorbereitung der Art der Präsentation sowie der anschließenden Diskussion. Dafür habe ich den roten Faden des Vortrags herausgearbeitet und die daraufhin möglichen Fragen zusammengestellt. Für diese Fragen waren die Antworten schnell gefunden, da ich diese in den letzten Jahren immer wieder gehört und beantwortet habe. Für diesen Teil des Audits war ich, nach meiner Ansicht, sehr gut vorbereitet.

Den Vortrag habe ich dann eine Woche vor dem Management Audit an den externen Berater und die internen Einschätzer versandt. Nun konnte der Tag des Audits kommen, ich war mir sicher, mich gewissenhaft vorbereitet zu haben. Außerdem war ich sehr gespannt auf den Verlauf und die daraus gewonnen Erkenntnisse für meine weitere Entwicklung.

4.   Teilnehmer und deren Funktionen

Mein Management Audit hatte eine gemischte Teilnehmergruppe, sie bestand aus einem externen Berater sowie drei internen Einschätzern. Die internen Einschätzer waren mein direkter Vorgesetzter, meine Personalreferentin sowie eine Mitarbeiterin aus der Führungskräfteentwicklung. Ich kannte alle internen Beteiligten schon über einen langen Zeitraum, teilweise hatte ich schon bei vorherigen Führungsforen mit ihnen zu tun.

Die Zusammensetzung des Einschätzerteams sorgte bei mir für ein gutes Gefühl. Die Atmosphäre im Raum war sehr angenehm, so dass ich meine innere Anspannung relativ schnell verlor. Dies ist sicherlich ein positiver Punkt, um die erforderliche Konzentration zu erreichen.

5.   Das eigene Management Audit

Zu Beginn des Audits wurde mir der zeitliche Ablauf des Tages mitgeteilt. Der Ablauf hatte folgende Reihenfolge:

- Interview

- Präsentation des vorgegebenen Themas

- Diskussion der Präsentation

- Vorbereitung und Ausarbeitung des Rollenspiels

- Rollenspiel

- Feedbackgespräch mit dem externen Berater

5.1   Interview

Bei dem Interview ging es um Fragen zur Person. Die Fragen bezogen sich auf meine Entwicklung im Unternehmen bzw. in der Zeit davor. Aus meiner Erinnerung waren es nur zum Teil Fragen zu meinem Lebenslauf, von der Schulzeit bis zum heutigen Job. Es ging bei diesem Teil des Gesprächs vorrangig um die Gründe der persönlichen Entwicklung, also warum ich welchen Weg gewählt habe und wie ich diese Entwicklung gestaltet bzw. geplant habe. Es wurden darüber hinaus weitere, offenkundig dezidiert ausgewählte Themen angesprochen, wie etwa die Wahrnehmung unternehmerischer Verantwortung in meiner derzeitigen Rolle, die Möglichkeiten, strategische Vorgaben umzusetzen, die Führung von Verhandlungen sowie auch die Mitarbeiterführung.

Über die Fragen, die im Interview auf mich zukommen könnten, hatte ich mir vorher sehr viele Gedanken gemacht. Das Interview war für meine Kollegen aus der ersten Gruppe der „unangenehmste" Teil. Die Fragen in dem Audit seien sehr persönlich gewesen und sie hatten das Gefühl, es werde immer weiter gebohrt, um die „wahren" Hintergründe zu erfahren. Dadurch hatte ich schon Vorbehalte gegen das Interview. Wie sollte ich mich verhalten und wie auf die Fragen antworten? Auch hier hatte ich immer wieder den Gedanken: „Was denken die Anderen über meine Antworten und welche Schlüsse ziehen sie daraus?" Eine Antwort auf diese Fragen bekam ich natürlich nicht und somit waren sie auch nicht hilfreich. Eher im Gegenteil, die „inneren Fragen" verunsicherten mich eher und führten zu Nervosität bzw. beeinträchtigten meine Konzentration. Und das war ganz klar nicht mein Ziel, denn ich wollte möglichst viel aus dem Audit mitnehmen und eine möglichst konkrete, objektive Einschätzung meiner selbst bekommen.

Durch die zu Beginn des Audits gute Atmosphäre und den „Smalltalk" zwischen den Anwesenden, konnte ich dann schnell ein entspanntes Gefühl finden. Ich fühlte mich während des Interviews nicht ausgefragt oder beobachtet. Die Einschätzer habe ich schon nach kurzer Zeit gar nicht mehr wahrgenommen, ich habe mich komplett auf den Interviewer und seine Fragen konzentriert. Außerdem bin ich stolz auf meinen Werdegang und erzähle somit auch sehr gerne, wie dieser sich entwickelt hat.

Je länger das Interview dauerte, desto gelöster wurde meine Stimmung und somit auch die Antworten. Für mich wandelte sich das Interview mehr und mehr zu einem Gespräch über meine eigene Person. Ich habe im Verlauf des Gespräches auch über die Vertiefungsfragen des Interviewers nachgedacht. Es waren schon sehr interessante Fragen dabei, die mir mein eigenes Verhalten in manchen Situationen verständlicher machten. Ich habe aus dem Interview viel über mein eigenes Verhalten gelernt und sehr gern mitgenommen.

Als ich nach dem Interview gebeten wurde, den Raum zu verlassen, gingen meine Gedanken sofort wieder auf die Suche nach dem Grund. Bevor ich aber zu lange darüber nachdenken konnte, wurde ich auch schon wieder hinein gerufen. Nun gab es auch die Erklärung für meine kleine Auszeit. Um den Verlauf des Interviews nicht zu stören, wurden die möglichen Fragen der Einschätzer nach dem Interview an den Interviewer gestellt. Dieser hätte die offenen Fragen dann noch gestellt, um auch den Einschätzern ein vollständiges Bild zu ermöglichen. Dabei ist mir erst wieder bewusst geworden, dass der Interviewer nicht allein mit mir im Raum war. Das Interview hat jedoch alle Fragen ausreichend beantwortet, so dass keine weiteren Fragen an mich gestellt wurden und der erste Teil des Audits abgeschlossen wurde.

5.2   Präsentation des vorgegebenen Themas

Der zweite Teil des Audits konnte nun beginnen. Für mich war dieser Teil der aufregendste. Ich habe schon sehr viele Vorträge gehalten, auch schon vor vielen Zuhörern, aber es war und ist auch heute noch mit viel Lampenfieber verbunden. Auch bei dieser Präsentation war ich wieder sehr aufgeregt, obwohl das Interview aus meiner Sicht sehr gut gelaufen war und mich dieses Gefühl ein wenig beruhigte. Aber jetzt fing die Aufregung wieder von vorne an, ich versuchte mich also wieder zu konzentrieren, um auch bei diesem Teil des Audits „voll da" zu sein.

Ich hatte mich für den Vortrag gut vorbereitet, außerdem hatte ich mich mit dem Thema der Präsentation in den letzten 2 Jahren sehr intensiv beschäftigt. Also sollte ich ausreichend gut im Thema stecken, aber nichts desto trotz war es wieder eine etwas beunruhigende Situation für mich. Der Gedanke, dass ich als Person und Vortragender gesehen werde, war noch einmal etwas anderes. Ein unangenehmes Gefühl, ich habe versucht, meine gute Einstellung vom vorhergegangenen Interview wieder zu finden.

Es ist mir dann vor allem durch die Konzentration auf mein Präsentationsthema gelungen, meine Linie und somit auch die innere Sicherheit zurück zu erlangen. Der Vortrag sollte nicht länger als 15 Minuten dauern. Das war für mein sehr komplexes Thema eigentlich viel zu kurz. Bei der Zusammenstellung der Präsentation habe ich versucht, das Vortragsthema erschöpfend und auch für Außenstehende anschaulich darzustellen. Meine Aufmerksamkeit galt nun vier Personen und nicht mehr nur dem externen Berater. Dies war schon eine kleine Umstellung, da nun alle Anwesenden in die Präsentation einbezogen werden mussten. Mein Blick wanderte von einem zum anderen, um sie alle in die Kommunikation einzubinden. Insbesondere waren die Blicke und die Körpersprache der Teilnehmer wichtig, da nach dem Vortrag eine Diskussion des Themas folgen sollte. Ich konnte durch den Vortragsverlauf schon etwas entspannter an die anschließende Diskussion denken.

5.3 Diskussion der Präsentation

An der Diskussion haben sich denn auch alle teilnehmenden Einschätzer beteiligt und Fragen zu der Präsentation gestellt. Dabei ging es um inhaltliche und strategische Fragen, die das Thema vertiefen sollten. Insbesondere die Vorstellung der Umsetzung und die zu erwartenden Gegenargumente der betroffenen Abteilungen standen dabei im Vordergrund. Ich wurde also mit allen Schwierigkeiten aus meinem Tagesgeschäft konfrontiert und habe mit den Antworten die Komplexität des Themas und die unterschiedlichen Persönlichkeiten im Kundenkreis dargestellt. In diesem Teil des Audits war ich in meinem Element und fühlte mich ausgesprochen sicher. Dabei ist es wichtig, nicht überheblich zu werden und den „Bodenkontakt" nicht zu verlieren. Als Präsentierender hatte ich die Verantwortung, die von unterschiedlichen Wissensstandpunkten kommenden Zuhörer alle gemeinsam zum gleichen Fazit des Vortrages zu begleiten. Am Ende der Diskussion hatte ich den Eindruck, dass die Teilnehmer meinem Thema folgen konnten und die Ziele sowie die daraus resultierenden Herausforderungen bei der Umsetzung nachvollziehen konnten.

5.4   Vorbereitung und Ausarbeitung des Rollenspiels

Im Anschluss an den Vortrag hatte ich eine Pause, die ich auch wirklich nötig hatte. Die ersten beiden Teile des Audits waren sehr anstrengend, insbesondere die Aufmerksamkeit für die teilnehmenden Einschätzer und den externen Berater war sehr energieraubend. Und dabei seine eigene Linie und ein authentisches Auftreten nicht zu verlieren, war eine echte Herausforderung. Schließlich hatte meine Teilnahme auch das Ziel, meine Fähigkeiten mit den an mich gestellten Anforderungen möglichst realistisch abzugleichen.

Die Pause war sehr kurz, denn sie diente gleichzeitig der Vorbereitung eines Rollenspieles; dazu hatte ich 30 Minuten Zeit. Die Beschreibung des Rollenspieles stellte eine Situation aus dem Alltagsgeschäft dar und war mir schon häufiger begegnet. Insofern bestand die Vorbereitung aus der Zusammenfassung von Erfahrungen mit dieser speziellen Situation. Dabei habe ich einige Schlagworte und meine Argumente gegenüber gestellt und mein normales und aus meiner Sicht erfolgreiches Kommunikationsschema gefunden. Also konnte ich die Pause auch noch als solche nutzen und dabei die vergangenen Teile des Audits noch einmal Revue passieren lassen. Nach der Vorbereitung und der kurzen Pause folgte ein gemeinsames Mittagessen, bei dem nicht über den Verlauf des Audits oder Eindrücke der Einschätzer gesprochen wurde. Es gab lediglich ein wenig Smalltalk zu eher allgemeinen Themen, dabei hätte ich doch sehr gern schon das ein oder andere Feedback bekommen.

5.5   Rollenspiel

Nach dem Mittagessen ging es dann direkt weiter mit dem Rollenspiel. Hier wiederum waren die internen Einschätzer nicht in das Geschehen des Rollenspiels involviert, das sich ausschließlich zwischen dem externen Berater und mir abspielte und die Situation im Alltagsgeschäft gut wiedergab. Auch im Alltag hatte es in vergleichbaren Situation oftmals ein Vier-Augen-Gespräch gegeben, also war ich mir sicher, den gleichen Kommunikationsverlauf zu erleben, wie im Alltagsgeschäft. Aus meiner Sicht habe ich das Rollenspiel auch gut absolviert und bin für mich zu einem guten Ergebnis gekommen.

Nach dem Rollenspiel gab es noch einmal eine kleine Pause für mich, da sich die Einschätzer zu einer kurzen Zusammenfassung zurückzogen. Im Anschluss daran sollte ich dann ein Feedback des externen Beraters bekommen, welches den Verlauf des Management Audits kurz beschreibt. Während der Wartezeit bis zum meinem ersten Feedback ist mir dann das Management Audit nochmals durch den Kopf gegangen. Mein erster Eindruck aus dem Verlauf des Audits war ein durchaus positiver. Die negativen Äußerungen meiner Kollegen hatten sich nicht bewahrheitet. Ich habe eine gute Atmosphäre wahrgenommen, sicher hat sich auch immer wieder mal die Anspannung durchgesetzt. Aber das war für mein konzentriertes Auftreten während des Audits auch sehr hilfreich.

5.6   Feedbackgespräch mit dem externen Berater

Nach einer kurzen Wartezeit haben sich die internen Einschätzer von mir verabschiedet und ich konnte mein erstes Feedback zum Management Audit entgegennehmen. Das Feedbackgespräch mit dem externen Berater fand ebenfalls in einer sehr gelösten Atmosphäre statt. Der Berater begann mit dem von mir ausgefüllten Persönlichkeitsfragebogen und den daraus abgeleiteten ersten Ergebnissen. Die Ergebnisse stellte er in einer Art Beschreibung meiner Persönlichkeit vor und fragte mich im Anschluss, ob ich dem zustimmen könnte. In der Darstellung meiner Persönlichkeit habe ich mich sehr gut wiedererkannt. Dabei ist es wichtig, auch seine Schwachstellen objektiv zu erkennen und die Möglichkeit der Weiterentwicklung zu nutzen.

Es war sehr interessant für mich, wie der externen Betrachter mich beschrieben hat. Die Eindrücke aus dem Gespräch waren teilweise überraschend, aber dennoch bestätigten sie zum großen Teil meine Selbsteinschätzung. Natürlich wurden im Feedback auch die Schwachstellen angesprochen, immer aber auf die Möglichkeiten der Entwicklung hingewiesen und das erkennbare Potential deutlich gemacht. Und das war schließlich der Grund für dieses Management Audit: zu erfahren, wo welche Potentiale schlummern und welche Entwicklungsmöglichkeiten ich nutzen könnte. Ein wichtiger Punkt im Feedback waren dann auch die spezifischen Eindrücke des Beraters aus den einzelnen Bausteinen des Audits. Dabei wurde jeder Teil für sich betrachtet und die Gemeinsamkeiten aus dem Verhaltensmuster nochmals besonders herausgestellt.

Unterm Strich hat sich der Tag für mich sehr positiv dargestellt. Ich hatte nicht das Gefühl, falsch wiedergegeben oder falsch „erkannt" zu werden, ich fühlte mich objektiv analysiert mit dem Ziel, die Stärken und die Potentiale aufzuzeigen. Und das ist meiner Ansicht nach sehr gut gelungen.

6.   Feedbackgespräch mit den internen Einschätzern

Bis zum internen Feedbackgespräch vergingen dann doch ein paar Wochen. Ich habe in der Zwischenzeit mit meinem Vorgesetzten über den Verlauf des Audits gesprochen und einiges von ihm über die Eindrücke der Einschätzer erfahren. Im Großen und Ganzen bestätigten die Eindrücke das Feedbackgespräch des externen Beraters direkt nach dem Management Audit.

Zusätzlich zum Gespräch, gab es die Auswertung des Audits auch in schriftlicher Form. In einem Rückmeldegespräch sind wir die Auswertung durchgegangen und auf einige Schwerpunkte konkret eingegangen. Die schriftliche Auswertung ging dabei sehr stark in die Tiefe und hat auch Erklärungen und Hintergründe zu den verschiedenen Verhaltensformen geliefert. Als ich die ersten Zeilen las, fühlte ich mich teilweise sehr passend beschrieben. Auf der anderen Seite gab es aber auch Erklärungen, denen ich nicht folgen konnte, mit diesen Punkten war ich dann auch überhaupt nicht einverstanden. Aber ich denke, das ist auch völlig normal, das Management Audit wird sicher keinen Anspruch auf eine 100% Trefferquote stellen, dazu sind wir alle zu komplex. Viele Einschätzungen und Erkenntnisse aus der Auswertung passen aber schon sehr gut auf meine Person und ich habe mich sehr schnell wiedererkannt.

Auf der Grundlage der Auswertung und der Diskussion haben wir dann die Themen herausgesucht, bei denen Potentiale für eine Weiterentwicklung bestehen. Für diese Weiterentwicklung wurde mir ein Coaching angeboten. Dabei gab es zwei Auswahlmöglichkeiten für ein Coaching, das Gruppencoaching oder das Einzelcoaching. Aufgrund der Themenauswahl haben wir uns für ein Einzelcoaching entschieden. Die Einzelheiten sollten bei einem gesonderten Termin zwischen der Personalabteilung, dem externen Berater und mir abgestimmt werden. In dem Termin haben wir die Themen und den dazu notwendigen Aufwand an Coachingterminen festgelegt. Wir sind von 6 Terminen ausgegangen, die jeweils ca. 3 Stunden dauerten. Die Personalreferentin sicherte mir dabei absolute Diskretion zu, es wurden also keine Informationen aus dem Coaching an die Personalabteilung weitergeleitet. Es sollte nach der Hälfte der Termine eine kurze Abstimmung und ein Feedback aus den bisherigen Terminen an die Personalabteilung gegeben werden. Diese Standortbestimmung sollte in einem persönlichen Gespräch zwischen der Personalreferentin und mir erfolgen. Alle weiteren Details des Coachings habe ich mit dem externen Berater besprochen.

Es war schon ein besonderes Gefühl der Wertschätzung, die man mir durch die Möglichkeit dieser Potentialentwicklung entgegen brachte. Natürlich ist die Mitarbeiterentwicklung für das Unternehmen genauso wichtig, aus diesem Grund können beide Seiten die Vorteile aus dem Management Audit incl. Coaching ziehen. Der Mitarbeiter kann sich und seine Persönlichkeit weiterentwickeln, das Unternehmen hat einen motivierteren und kompetenteren Mitarbeiter gewonnen.

7.   Coaching der „ermittelten Potenziale"

Bei unserem ersten Coachingtermin haben wir über die Struktur des Coachings gesprochen. Dabei habe ich verschiedene Situationen aus dem Arbeitsalltag geschildert, die den ausgesuchten Themen des Coachings zugrunde lagen. Wir haben überlegt, ob der Berater am Alltagsgeschäft teilnimmt um sich selbst einen Eindruck von meinem Verhalten und den Reaktionen zu machen. Diese Idee haben wir aber aufgrund der sensiblen Situationen wieder verworfen, da es den Gesprächspartnern nicht erklärbar wäre, welche zusätzliche Person mit welchem Hintergrund an dem Gespräch teilnimmt.

Aus meinen Schilderungen haben wir in Diskussionen und Analysen meiner typischen Vorgehensweisen ein neues und effektiveres Vorgehen entwickelt. Dieses abgestimmte „Alternativverfahren" habe ich dann in einer Alltagssituation angewendet. Die Veränderungen im Empfinden und im Verhalten, die ich dabei sowohl bei mir als auch bei meinem Gesprächspartner wahrnahm, habe ich in einem anschließenden Telefonat mit dem Berater zeitnah diskutiert. Bei dem Folgetermin haben wir die Ergebnisse nochmals diskutiert um evtl. notwendige Feinjustierungen einfließen zu lassen. Aus diesem Vorgehen hat sich dann ein kontinuierlicher Optimierungsprozess entwickelt, bei dem wir alle Themen nach und nach den Alltagssituationen angepasst haben.

Für mich waren die Anwendungen der neuen Strategien eine sehr gute Erfahrung, denn ich habe für mich unbekannte Reaktionen bei meinen Gesprächspartnern erlebt. Diese neuen Reaktionen und der Umgang mit Zusagen aus den Gesprächen haben meine Arbeitseffektivität in kürzester Zeit gesteigert. Des Weiteren hat mein Ansehen bei den Kollegen nicht, wie ich vermutete, gelitten, sondern das Gegenteil war der Fall. Mein Durchsetzungsvermögen und die Handhabung vieler wichtiger Alltagssituationen sind aus meiner Sicht sehr stark optimiert worden und das ganze hat mir auch noch sehr viel Spaß gemacht. Der Spaß rührte insbesondere aus den von mir nicht erwarteten Reaktionen auf meine veränderten Arbeitsweisen. Dadurch hatte ich den Mut und das Selbstbewusstsein, weitere Veränderungen und Anpassungen anzugehen und einzusetzen. Ich war selbst sehr überrascht, welche Möglichkeiten das Coaching bieten kann. Die einzelnen Termine und die daraus entstandenen Veränderungen haben mir das Potenzial des Coachings und somit die Hintergründe für ein Management Audit verständlicher gemacht als die ganzen Internetrecherchen und Gespräche mit meinen Kollegen.

8. Fazit – Einschätzung des Audits

Der Rückblick auf den gesamten Prozess, also von der ersten Info durch meine Kollegen bis zum Abschluss des Coachings, ist für mich äußerst positiv. Die Potenziale sind sehr umfangreich und bieten vielfältige Möglichkeiten für die Entwicklung von Mitarbeitern. Dabei ist es sehr wichtig die Vorbereitung nicht auf die leichte Schulter zu nehmen und das Ziel immer vor Augen zu haben. Das Ziel nämlich, sich weiterzuentwickeln und so mehr Freude an der neuen Effektivität und den Reaktionen der Umgebung zu haben. Diese Reaktionen haben mich bis heute dazu ermutigt, weitere Veränderungen und Anpassungen vorzunehmen, die mir das Management Audit aufgezeigt hat und die ich zusammen mit dem externen Berater diskutiert habe.

Ich kann jedem, der die Möglichkeit hat, an einem Management Audit teilzunehmen, die Teilnahme wirklich ans Herz legen. Ich habe von keinerlei negativen Konsequenzen aus dem Ablauf eines Audits erfahren. Doch die transparenten und objektiven Einschätzungen, die ich erhalten habe, waren sehr gut für meine weitere Entwicklung. Wenn man mit den Ergebnissen offen und selbstkritisch umgeht, ergeben sich sehr viele Möglichkeiten für die eigene Entwicklung und die höhere Effektivität des täglichen Arbeitsablaufes. Und das ganze hat auch noch den Vorteil der höheren Anerkennung im Unternehmen und der Empfehlung für weitere Herausforderungen in verschiedenen Aufgabenbereichen.

Für mich persönlich war das gesamte Audit eine gelungene Standortbestimmung mit einer objektiven Einschätzung meiner Entwicklungsmöglichkeiten. Es war eine anstrengende und zeitweise auch sehr ungewisse Zeit während des Audits, da ich die Ergebnisse und den Umgang damit nicht immer klar und eindeutig interpretieren konnte. Wenn man sich jedoch mit der größtmöglichen Offenheit dem realistischen Abgleich zwischen der eigenen Einschätzung und dem objektiven und transparenten Blick der kompetenten Einschätzenden stellt, ergibt sich für den Teilnehmer ein Bild seiner Stärken und Schwächen. Und wann im Berufsalltag hat man die Gelegenheit, die Charakteristik seiner eigenen Persönlichkeit reflektiert zu bekommen, ohne dass das Gesagte gleich als Angriff gewertet wird? Zum guten Schluss gibt es dann auch noch die Möglichkeit an seinen „konstruktiv reflektierten Schwächen" zu arbeiten und diese in anwendbare Stärken zu verwandeln. Ich bin in jedem Fall sehr dankbar für diese Art von Personalentwicklungsmöglichkeit, sie ist viel effektiver als all die Führungskräfteseminare die eine breite Masse von Individuen ansprechen müssen, um sie bei der Weiterentwicklung zu unterstützen.

Literaturverzeichnis

GERHARDT, T./RITTER, J. (2004); Management Appraisal. Frankfurt am Main, Campus.

HOSSIEP, R./PASCHEN, M./MÜHLHAUS, O. (2000); Persönlichkeitstests im Personalmanagement. Grundlagen, Instrumente und Anwendungen. Göttingen, Verlag für Angewandte Psychologie.

SCHERM, M./SARGES, W. (2002); 360° Feedback. Göttingen, Hogrefe.

WÜBBELMANN, K. (2001); Management Audit. Unternehmenskontext, Teams uns Managerleistung systematisch analysieren. Wiesbaden, Gabler.

WÜBBELMANN, K. (2005); Handbuch Management Audit. Göttingen, Hogrefe.

Der Autor

Klaus Wübbelmann
ist Partner der Level M Managementberatung. Durch viele Veröffentlichungen und eine umfangreiche praktische Erfahrung zählt er zu den Top-Experten in Sachen Management Audit. Er ist Jahrgang 1961, Diplom-Theologe sowie Diplom-Psychologe und seit fünfzehn Jahren als Berater tätig. In vielen Projekten setzt er sein ganzheitliches Management-Audit-Konzept praktisch um und in zahlreichen Veröffentlichungen entwickelt er das Thema kontinuierlich weiter.

Der faire und respektvolle Umgang mit Führungskräften, die an Management Audits teilnehmen, ist dem Autor ein wichtiges Anliegen, das er als Qualitätsmerkmal seiner Arbeit versteht.
Aus diesem Grund fördert er Transparenz und offene Information über das Thema. Auch auf seiner Internetseite www.managementaudit.de bietet Klaus Wübbelmann viele nützliche Informationen und Tipps.